AIGC 革命
科技赋能与商业场景落地

岑志科 李 帅 杜剑波 ◎ 著

电子工业出版社
Publishing House of Electronics Industry
北京·BEIJING

内 容 简 介

当前，随着 ChatGPT 的火爆与各种大模型的开发，AIGC 领域火热发展。本书聚焦 AIGC，讲解 AIGC 引领的科技革命、AIGC 对各领域的赋能以及 AIGC 商业落地场景。在内容上，首先，本书对 AIGC 的概念与模态、技术图谱、产业生态、商业模式等进行讲解，展示 AIGC 的发展态势与商业化潜力。其次，本书从搜索引擎、社交娱乐、智能创作、智慧服务、协作办公、广告营销、智能制造、城市治理等方面入手，讲解 AIGC 对各领域的赋能以及具体的应用场景。

本书在系统地讲述 AIGC 理论及其应用的同时，引入了大量实践案例，内容翔实、有深度，适合想要布局 AIGC 业务的企业管理者、AIGC 领域的创业者等人士阅读。

未经许可，不得以任何方式复制或抄袭本书之部分或全部内容。

版权所有，侵权必究。

图书在版编目（CIP）数据

AIGC 革命：科技赋能与商业场景落地 / 岑志科，李帅，杜剑波著. -- 北京：电子工业出版社，2025.4.
ISBN 978-7-121-49949-4

Ⅰ. TP18

中国国家版本馆 CIP 数据核字第 20258B5Y02 号

责任编辑：刘志红（lzhmails@163.com）　　特约编辑：王雪芹
印　　刷：三河市鑫金马印装有限公司
装　　订：三河市鑫金马印装有限公司
出版发行：电子工业出版社
　　　　　北京市海淀区万寿路 173 信箱　　邮编：100036
开　　本：720×1 000　1/16　印张：13.75　字数：220 千字
版　　次：2025 年 4 月第 1 版
印　　次：2025 年 4 月第 1 次印刷
定　　价：69.00 元

凡所购买电子工业出版社图书有缺损问题，请向购买书店调换。若书店售缺，请与本社发行部联系，联系及邮购电话：(010) 88254888，88258888。
质量投诉请发邮件至 zlts@phei.com.cn，盗版侵权举报请发邮件至 dbqq@phei.com.cn。
本书咨询联系方式：18614084788，lzhmails@163.com。

前言

当前，随着 AI 技术的持续发展、数据要素的日益丰富，大模型获得了巨大成功，为 AIGC 的火热发展奠定了技术基础。而资本的流入、企业与科研院所的布局等进一步推动了 AIGC 的发展。

在投融资方面，AIGC 成为高增长的投融资赛道。风投数据分析公司 PitchBook 公布的数据显示，截至 2023 年 10 月，全球 AIGC 领域融资总额为 232 亿美元，比 2022 年全年增长 250.2%。可见，AIGC 领域投融资数量及金额实现高速增长。

除了资本，AIGC 底层技术厂商、互联网科技公司、研究机构等也是 AIGC 领域的重要参与者，它们积极进行 AIGC 底层大模型研发、推动 AIGC 应用在更多领域落地。例如，微软、谷歌、百度、阿里巴巴等都在 AIGC 领域进行布局，依托大模型打造多样化的 AIGC 产品，并将其在办公、搜索等场景中落地。

在技术的支持下，AIGC 产品覆盖知识搜索、内容生成、智能助手等多个方面，已经实现文本、图片、音频、视频等多模态之间的转换。从投资人到创业者、从互联网大厂到行业独角兽，都感受到 AIGC 给生产、生活带来的巨大改变，看到 AIGC 的巨大潜力。

AIGC 的发展带来了新的商业机遇，越来越多的企业开始关注 AIGC，并试图通过布局 AIGC 业务把握新的红利，但其中的一些企业不知道具体该如何做。

本书深入挖掘 AIGC 的商业价值，详细讲解其对多领域的赋能、在多领域的落地场景等，为企业布局 AIGC 提供指导。

一方面，本书从 AIGC 底层框架、技术、产业、商业模式等角度展现 AIGC 的发展态势，不仅能够让企业了解 AIGC 底层技术支撑、构建的产业生态等，还能够让企业明确打造 AIGC 商业闭环的方法，即加强对 MaaS（Model as a Service，模型即服务）模式的探索，以多样化的服务获得多元化收益。

另一方面，本书详细讲解了 AIGC 与社交娱乐、智慧服务等多个领域的融合发展。AIGC 对这些领域的赋能，将使这些领域发生巨大变革，给这些领域带来更多商业机遇。企业需要聚焦自己所在的领域，明确自身业务与 AIGC 的结合点，借助 AIGC 升级已有产品、打造新产品，拓展盈利路径。

本书还融入了大量实践案例，如谷歌、微软、百度、华为等科技巨头在 AIGC 领域的布局，能够为企业布局 AIGC 提供有效的指导。

未来，随着基础平台大模型的发展，AIGC 在各领域的应用将更加广泛。这将变革产业发展范式，推动各种业务模式、产品或服务的重构，新的产品和盈利模式将会源源不断地出现。在这个趋势下，企业需要积极拥抱大模型与 AIGC，抓住新的商业机遇，推动业务重构，以实现高质量发展。

目 录

第1章 AIGC：智能时代的创新驱动力 001

1.1 AIGC拆解 002
- 1.1.1 本质：基于AI的内容生成方式 002
- 1.1.2 核心要素：数据+算力+算法 004
- 1.1.3 能力突破：从模仿到创造 005

1.2 AIGC多种模态 007
- 1.2.1 文本生成：生成个性化文本内容 007
- 1.2.2 图像生成：图像编辑与自主生成 009
- 1.2.3 音频生成：生成多元化音频内容 012
- 1.2.4 视频生成：基于视频理解生成视频 013
- 1.2.5 跨模态生成：实现多模态间的转换与生成 015

1.3 ChatGPT引爆AIGC火热发展 016
- 1.3.1 ChatGPT：典型的AIGC工具 017
- 1.3.2 GPT-4V模型：赋予ChatGPT多模态能力 018
- 1.3.3 GPT-5模型：带来突破式发展 019
- 1.3.4 Sora模型：OpenAI的里程碑式探索 021

1.4 发展趋势：从 AIGC 到 AGI ·· 022
　　1.4.1 AGI：完成多种复杂任务 ·· 023
　　1.4.2 通用大模型的研发成为布局焦点 ································ 024

第 2 章　技术图谱：多技术积累引爆 AIGC 能力 ······················ 026

2.1 预训练模型：AIGC 多领域应用的基石 ···································· 027
　　2.1.1 Transformer 模型提供底层模型 ···································· 027
　　2.1.2 核心机制：预训练与微调 ·· 029
　　2.1.3 预训练模型走向多模态化 ·· 030
2.2 自然语言处理：实现 AIGC 内容生成 ······································ 032
　　2.2.1 词性标注+句法分析+语义分析 ···································· 032
　　2.2.2 文本生成+文本摘要+文本校对 ···································· 033
2.3 多模态技术：提供人机交互新方式 ··· 035
　　2.3.1 多模态生成：多模态模型完成多种转换任务 ················· 035
　　2.3.2 多模态交互：人机交互更自然 ···································· 037

第 3 章　产业生态：生态化发展激活 AIGC 赛道 ······················ 039

3.1 三层架构：基础层+技术层+应用层 ·· 040
　　3.1.1 基础层：为 AIGC 发展提供基础设施 ·························· 040
　　3.1.2 技术层：大模型研发成为重点 ···································· 042
　　3.1.3 应用层：B 端与 C 端双向拓展 ···································· 044
3.2 企业布局，AIGC 产业日趋火热 ··· 047
　　3.2.1 谷歌：推出 Gemini 大模型，升级模型性能 ··················· 047
　　3.2.2 微软：基于大模型升级 AIGC 产品 ······························ 048

  3.2.3 百度：深化完善文心大模型 049

  3.2.4 华为：构建 AIGC 媒体基础设施，赋能内容生产 052

3.3 产业趋势：产业生态走向活跃与开放 053

  3.3.1 资本活跃：AIGC 产业投融资事件频发 053

  3.3.2 技术迭代：大模型开源，降低 AIGC 落地门槛 054

  3.3.3 AIGC 开放：xAI 开源大模型 Grok 057

第 4 章 商业模式：MaaS 模式构建 AIGC 商业闭环 058

4.1 拆解 MaaS 模式 059

  4.1.1 MaaS 模式：模型即服务的商业模式 059

  4.1.2 基本架构：以"模型+应用"提供服务 060

4.2 三大盈利路径 061

  4.2.1 通过订阅收费 062

  4.2.2 通过提供 AIGC 相关智能服务获得收入 063

  4.2.3 以定制化开发服务获得收益 064

4.3 B 端应用：聚焦为企业用户提供服务 065

  4.3.1 聚焦为行业提供行业服务 065

  4.3.2 开放接口，为企业升级产品提供便利 067

4.4 C 端应用：聚焦为个人用户提供服务 069

  4.4.1 关注效率、体验与价值创造 070

  4.4.2 智能设备成为体验服务的重要载体 072

第 5 章 AIGC+搜索引擎：实现智能生成式搜索 074

5.1 AIGC 带来的搜索变革 075

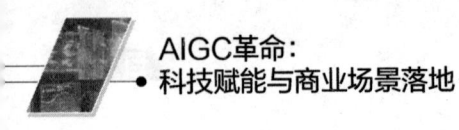

5.1.1 搜索引擎发展，实现生成式搜索 ……………………………… 075

5.1.2 提供智能、安全的搜索体验 ………………………………… 077

5.2 AIGC 助力下，搜索引擎更新 …………………………………… 078

5.2.1 New Bing：基于 GPT-4 的智能引擎 ……………………… 078

5.2.2 谷歌：生成式内容搜索 ……………………………………… 080

5.2.3 百度：升级搜索能力，为用户创作答案 …………………… 081

5.2.4 知乎：加强技术探索，提升平台搜索能力 ………………… 082

5.3 AIGC 变革营销搜索 ……………………………………………… 083

5.3.1 AIGC 让搜索广告更加智能 ………………………………… 084

5.3.2 亚马逊：加深 AIGC 探索，提升搜索质量 ………………… 086

第 6 章 AIGC+社交娱乐：为用户提供新奇体验 …………………… 089

6.1 AIGC 融入社交，更新社交体验 ………………………………… 090

6.1.1 重塑社交 App，让社交更智能 …………………………… 090

6.1.2 Soul：推出语言大模型 SoulX，丰富用户体验 …………… 092

6.2 AIGC 融入游戏领域，满足用户多元化需求 …………………… 093

6.2.1 AIGC 为游戏行业带来多重价值 …………………………… 093

6.2.2 AIGC 助力游戏引擎升级 …………………………………… 095

6.2.3 网易伏羲：推进 AIGC 探索，解锁新玩法 ………………… 096

6.3 AIGC 融入音视频领域，打开想象空间 ………………………… 097

6.3.1 AIGC 助力音乐创作 ………………………………………… 097

6.3.2 AIGC 助力语音识别与合成 ………………………………… 099

6.3.3 阿里云智能：推出音视频领域 AI 助手 …………………… 100

目 录

6.4 AIGC+元宇宙：开启娱乐社交新玩法 ································ 102

 6.4.1 元宇宙的五大特征 ······································· 102

 6.4.2 AIGC 提供元宇宙新型创作方式 ························· 104

 6.4.3 Myverse：融合 AIGC 的元宇宙平台 ···················· 105

第 7 章 AIGC+智能创作：提升内容创作效率 ·························· 109

7.1 AIGC 改变内容创作模式 ··· 110

 7.1.1 AIGC 内容创作三大特点 ································· 110

 7.1.2 AIGC 内容创作三大发展阶段 ··························· 111

7.2 AIGC 推动内容创作行业繁荣 ·· 113

 7.2.1 提供智能化创作工具，降低创作门槛 ··················· 113

 7.2.2 提供创意，助力创作者内容创新 ························ 114

 7.2.3 腾讯智影：提供多方面 AIGC 生成能力 ················ 115

7.3 AIGC 助力多类型内容创作 ··· 116

 7.3.1 文字创作：AIGC 辅助写作 ····························· 116

 7.3.2 绘画创作：赋能艺术创作与设计 ························ 117

 7.3.3 音频创作：为有声内容生产提速 ························ 118

 7.3.4 视频创作：快手加深 AIGC 探索 ······················· 121

第 8 章 AIGC+智慧服务：让 AI 产品服务更有温度 ··················· 123

8.1 AIGC 赋能，AI 产品的服务趋于智慧化 ··························· 124

 8.1.1 三大赋能，AI 产品更智能 ······························ 124

 8.1.2 打造 AI 产品更加便捷 ·································· 127

 8.1.3 使 AI 产品输出个性化内容 ····························· 128

8.1.4 AIGC 智能客服成为潮流 ················· 129

8.2 AIGC 助力 AI 机器人发展 ··················· 130

 8.2.1 提升理解能力，赋能 AI 机器人文本产出 ············ 130

 8.2.2 提升交互能力，使人机语音交互更自然 ············ 132

 8.2.3 全面赋能，使 AI 机器人具备通用性 ············· 134

 8.2.4 阿里云：以 AIGC 赋能工业机器人 ············· 135

8.3 AIGC 融入虚拟数字人 ··················· 136

 8.3.1 AIGC 助力虚拟数字人打造 ··············· 136

 8.3.2 AIGC 助力虚拟数字人应用 ··············· 137

 8.3.3 标贝科技：携手幻影未来打造虚拟数字人 ············ 138

第 9 章 AIGC+协作办公：革新智能化办公体验 ············ 140

9.1 AIGC 融入办公多场景 ··················· 141

 9.1.1 助力邮件智能管理 ·················· 141

 9.1.2 办公软件智能化变革 ················· 143

 9.1.3 辅助编程，让代码开发更简单 ··············· 144

9.2 与管理系统结合，提升效率 ················· 146

 9.2.1 与 OA 系统结合，让运行更加高效 ············· 147

 9.2.2 与 ERP 系统结合，让管理流程智能化升级 ·········· 148

9.3 企业加深智能办公应用探索 ················· 149

 9.3.1 引入 ChatGPT，升级办公应用 ············· 149

 9.3.2 自主研发大模型，打造智能办公应用 ············ 150

 9.3.3 科技公司以 AIGC 能力为办公赋能 ············· 152

第 10 章　AIGC+广告营销：打造营销新范式　154

10.1　AIGC 融入营销，助力营销内容创作　155
- 10.1.1　帮助企业寻找营销创意　155
- 10.1.2　产出个性化营销内容　156
- 10.1.3　营销大模型为企业营销助力　157

10.2　AIGC 重塑营销生态　158
- 10.2.1　五大变革，助推业务发展　158
- 10.2.2　电商营销方法实现创新　161
- 10.2.3　金融营销迭代，以智慧服务更新用户体验　162

10.3　AIGC 变革营销产品，提升转化效果　164
- 10.3.1　与智能推荐系统结合，提升准确性　165
- 10.3.2　与客服机器人结合，提供丰富服务　166
- 10.3.3　与机器人理财结合，给出科学投资建议　168

第 11 章　AIGC+智能制造：帮助生产降本增效　170

11.1　工业大模型是提供 AIGC 能力的底座　171
- 11.1.1　聚焦制造行业的工业大模型涌现　171
- 11.1.2　四大优势，实现智能化生产　173

11.2　AIGC 进入生产多环节　175
- 11.2.1　产品设计：优化设计，提升效率　175
- 11.2.2　产品生产：融入多个生产系统　176
- 11.2.3　更新设备：让工业机器人更加智能　178
- 11.2.4　华为：以大模型助力生产　179

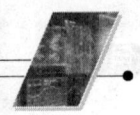

11.3 AIGC 变革智能制造多领域 180

11.3.1 汽车制造：驱动自动驾驶迭代 181
11.3.2 智能家居：AIGC 产品涌现 183
11.3.3 服装制造：降低门槛，助力服装设计 184
11.3.4 理想汽车：将大模型与汽车智能系统结合 185

第 12 章 AIGC+城市治理：提升治理质量与效率 188

12.1 AIGC 推动城市治理智慧化发展 189

12.1.1 智慧政务：便民服务更高效 189
12.1.2 智慧交通：规避交通问题，优化公共交通 191
12.1.3 气象预报：精准预测天气变化 194
12.1.4 城市安防：满足安防场景多种需求 196

12.2 企业探索，推出多元化城市治理产品 198

12.2.1 城市治理大模型为城市注入新动能 198
12.2.2 360 公司：探索城市安防新服务 200

12.3 城市探索，向着智慧城市迈进 202

12.3.1 哈尔滨：融媒体中心接入 AIGC 能力 202
12.3.2 无锡：借 AIGC 提升公共服务水平 204
12.3.3 深圳福田：携手华为创新城市治理模式 206

第 1 章

AIGC：智能时代的创新驱动力

当前，各短视频平台掀起的 AI 绘画潮流、在各大平台上刷屏的人工智能应用 ChatGPT 等，引起了人们的广泛关注，使 AIGC 进入人们的视野。作为新的创新驱动力，AIGC 将引领新一轮的技术革命，驱动产业高速发展。

1.1 AIGC 拆解

对于 AIGC，我们需要深入了解其本质、三大核心要素、从模仿到创造的能力突破等，从而对 AIGC 建立基本认知。

1.1.1 本质：基于 AI 的内容生成方式

AIGC（Artificial Intelligence Generated Content，人工智能生成内容）的本质是一种基于 AI 的内容生成方式，其通过海量数据预训练而成的大模型生成文本、图像等多种内容。

通过对海量数据的学习、训练，大模型能够具备不同领域的知识。只要对模型进行适当微调，大模型就能完成多种任务。AIGC 的工作原理如下所述，如图 1-1 所示。

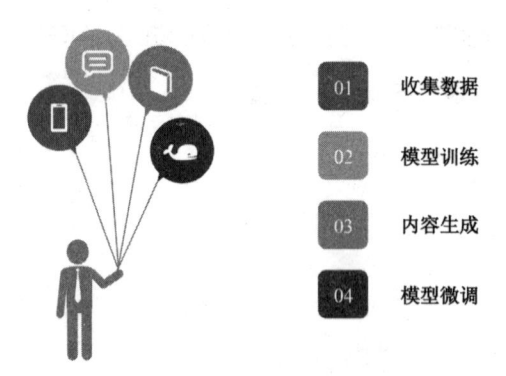

图 1-1 AIGC 的工作原理

1. 收集数据

AIGC运作的基石是海量的数据，这些数据涵盖了书籍、图片、音视频等多种形态，为AIGC提供了丰富的学习资源。为了深入理解和模拟人类的创作过程，AIGC必须广泛收集这些数据，从而构建庞大的知识库。

2. 模型训练

在收集海量数据后，接下来要做的工作是模型训练。模型能够通过大量数据训练学习语言结构、文本风格、内容特征等，并进行语义理解，进而生成与训练内容相似的内容。基于序列生成的方法，模型在生成内容时能够精准把握上下文，确保生成的内容具有连贯性和一致性。这使得AIGC在对话生成、文本生成等方面有出色的表现。

3. 内容生成

模型训练好之后就可以生成内容。基于用户输入的信息或要求，模型能够生成符合用户需求的个性化内容，如小说、音乐、绘画等。

4. 模型微调

为了解决特定领域的问题，模型往往需要经过微调，即基于特定领域的数据进行训练。这能够使模型具备针对某一垂直领域的专业能力，能够解决专业化问题。

通过模型训练与微调，AIGC具备强大的内容生成能力，能够根据用户需求智能生成多种内容，大幅提高内容产出效率。同时，面对用户提出的进一步细化的要求，AIGC能够对生成的内容进行优化，使内容更加符合用户要求。

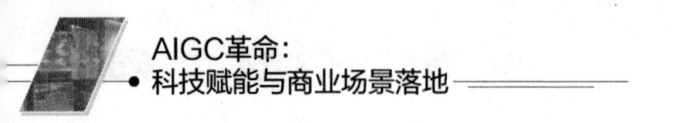

1.1.2 核心要素：数据+算力+算法

AIGC 智能生成能力的实现，离不开数据、算力、算法三大核心要素的支持。这三大要素也是 AIGC 技术实现突破的驱动力。

1. 数据是模型训练的基础

数据是模型训练的"燃料"。有了海量数据的支持，AIGC 背后的模型才能够持续进行训练与学习，持续更新功能。用于训练的数据包括结构化数据和非结构化数据两种。其中，结构化数据指的是以表格形式存储的数据，如数据库中的数据；非结构化数据指的是文本、图片、音频等形式的数据。

数据的质量和多样性对模型训练的效果十分重要。高质量的数据能够提供准确的样本，使模型学习到有效的数据特征；而多样性的数据能够使模型更好地适应不同的应用场景。为了保证数据质量，用于模型训练的数据通常是经过清洗、标注的数据。

2. 算力提供动能

算力是 AIGC 实现高性能计算、数据高效处理和复杂模型训练的关键。随着 GPU（Graphics Processing Unit，图形处理器）、TPU（Tensor Processing Unit，张量处理器）等的出现，海量数据并行处理成为可能，数据训练与推理效率大幅提高。

过去，由于算力的限制，AI 的研究与应用存在很大的局限性。如今，在强大算力的支持下，大规模的数据处理、复杂模型的训练等都成为可能。这为 AIGC 技术的发展提供了强大动力。

3. 算法提供规则

算法对如何使用数据和算力进行计算和决策进行了定义。算法是 AIGC 的核心引擎，决定了 AIGC 的学习、推理与决策过程。算法分为监督学习、无监督学习、增强学习等类型，用于解决分类、回归、聚类等问题，适用于不同的场景，如数据分析、模型训练等。经过不断优化，算法能够从数据中提取更有价值的信息，进行更加智能的决策。这能够提高 AIGC 在不同行业的应用效果。

在具体应用中，算法的迭代能够提升模型的智能化程度和精准度。而算法的优化离不开大量的数据训练，数据训练又需要强大算力的支持。因此，数据、算力、算法三者是一个有机整体，相互促进。数据、算力、算法三大要素融合发展将持续推动 AIGC 的发展，催生多元化的 AIGC 应用。

1.1.3　能力突破：从模仿到创造

从能力上来看，AIGC 的发展经历了从模仿到创造的突破。

在 AIGC 还处于实验阶段时，就有研究人员开始探索基于 AI 生成内容的方案，并尝试用 AI 生成新闻、诗歌等。在这一阶段，AIGC 初步实现了内容生成，但内容生成是基于规则进行的，受到事先预设的规则的限制。

在自然语言处理方面，AIGC 可以基于语法知识和生成规则生成语句。例如，研究人员可以设定规则与算法，使 AIGC 生成符合语法规则的语句。基于此，AIGC 实现了初步的应用，即根据生成规则、新闻模板等自动化生成新闻

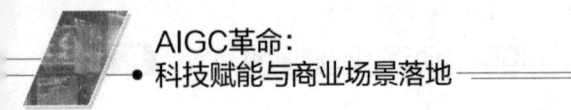

稿件。这时的 AIGC 受限于规则与模板，生成的内容往往缺乏个性，尚未实现智能化。

预训练大模型的出现驱动 AIGC 实现从模仿到创造的能力突破。基于预训练大模型，AIGC 能够对海量数据进行学习，挖掘数据规律。这打破了 AIGC 生成内容的规则限制，使 AIGC 智能产出内容成为现实。同时，在海量数据、先进算法、强大算力的支持下，AIGC 的能力不断增强。

具体而言，AIGC 具备两大功能。一方面，AIGC 能够实现内容智能生成。在研究阶段，AIGC 无法智能生成内容，生成的内容只是基于对数据库中内容的模仿。而在实现能力突破后，AIGC 能够根据用户指令有针对性地对数据库中的内容进行再创造，智能生成内容。

另一方面，AIGC 实现了持续精进。预训练大模型能够基于海量数据进行持续的无监督预训练，同时，在运作过程中，其能够根据用户反馈优化内容生产。这些都推动着 AIGC 不断迭代。

随着 AIGC 能力的突破，AIGC 应用变得更加智能。以新闻稿件生成为例，在 AIGC 的支持下，新闻稿件生成变得更加智能。

2023 年 5 月，百度推出了一项自动生成新闻的 AIGC 解决方案，可以让机器人自动撰写新闻报道。

该方案基于自然语言处理、机器学习、深度学习算法等技术实现。通过对大量新闻文本的学习，机器人能够准确抓住新闻核心内容，并以专业、规范的语言将新闻传达给受众。同时，其还能够根据不同的媒体类型、读者群体等定制不同的报道风格。

该方案可以应用于大规模事件报道、财经报道等领域。例如，在某重大事件发生后，机器人可以第一时间生成报道，确保新闻具有时效性；在财经报道方面，机器人可以快速进行财经内容整理、准确的数据分析等，发布专业的新闻报道。

该方案具有多个优势。首先，机器人自动生成新闻内容不仅大幅提升了新闻产出速度，保证了新闻的时效性，还节省了人力成本。其次，这避免了人为因素对报道质量的影响，提高了报道的客观性。

除百度之外，越来越多的企业开始关注 AIGC 的创新与应用，为内容智能生成提供高效化的解决方案。随着技术的进步与应用的拓展，AIGC 将发挥越来越重要的作用。

1.2 AIGC 多种模态

AIGC 拥有丰富多样的应用模态，不仅涵盖文本生成、图像生成、音频生成、视频生成等领域，更具备跨模态生成的能力，能够实现不同模态内容之间的灵活转换与生成。其生成的内容丰富多样，充满创意与想象力，为用户提供了更加广阔的创作空间与可能性。

1.2.1 文本生成：生成个性化文本内容

文本生成是 AIGC 的重要应用场景。根据用户输入的内容与要求，AIGC 能够输出符合用户需要的个性化内容。AIGC 文本生成可以分为以下 3 类，如图 1-2 所示。

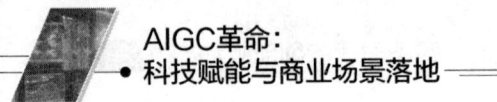

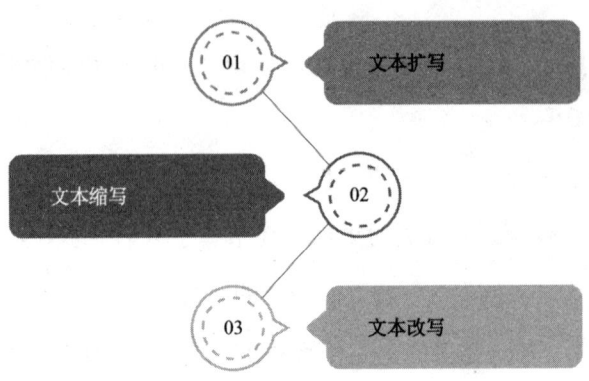

图 1-2　AIGC 文本生成的 3 类内容

1. 文本扩写

文本扩写即文本从无到有或从少变多。这种文本生成方式的输入信息一般较少，如少量的数据、图片或内容创作标题。在文本扩写模式下，输出的文本中的大量内容由算法模型创作。

2. 文本缩写

文本缩写即文本从多变少，实现对输入文本内容的提炼，输出较短的文本，如生成摘要、标题等。在文本缩写模式下，输入文本通常包含很多信息，算法模型需要进行信息筛选，使得输出的文本中囊括输入文本中的重要内容，舍弃次要的内容。

3. 文本改写

文本改写即对文本进行再创作，如对文本进行重新表述、转变文本风格等。这种方式的特点是输出文本与输入文本通常在词汇、短语上有一定的对应关系。

当前，AIGC 文本生成已经在内容创作领域实现了应用。百度推出的知识增强语言大模型文心一言就是一款基于 AI 的在线文本生成工具，能够实现智能化、精准化的文本生成。它的优势主要体现在以下几个方面。

（1）自动化处理。通过先进的自然语言处理技术和机器学习算法，文心一言能够智能地分析用户输入的关键词、主题等信息，迅速生成符合用户需求的文本内容。这大幅提高了写作效率，同时保证了文本内容的质量。

（2）可定制化。文心一言提供可定制化的选项。用户可以根据需求选择生成文本的长度、风格等，并添加相关词汇、关键词等，使生成的文本内容更符合自己的需要。

（3）精准匹配。文心一言能够快速识别用户需求，对关键词进行精准匹配，生成更符合用户需求的文本内容。同时，基于深度学习技术，文心一言能够对海量数据进行持续学习，不断优化算法模型，提升生成的文本内容的质量。

基于以上优势，文心一言能够有效地帮助用户提高文本创作效率，节省时间和精力。

在 AIGC 文本生成方面，除了百度外，谷歌、京东等企业也纷纷推出文本内容生成工具。这些工具能够辅助人们生产各类文本内容，包括天气预报、会议纪要、广告文案等，提升了 AIGC 内容生产效率和覆盖率。

1.2.2 图像生成：图像编辑与自主生成

AIGC 图像生成指的是基于智能算法和模型生成新的图像。新的图像可以是对现有图像的优化和改进，也可以是完全虚拟、自主生成的。具体而言，AIGC 图像生成的应用场景包括以下几个，如图 1-3 所示。

```
01  图像修复与增强
02  艺术创作与风格转换
03  图像生成与合成
04  图像编辑与转换
```

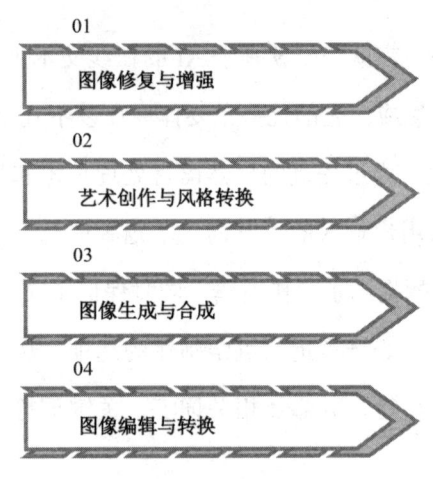

图 1-3　AIGC 图像生成的应用场景

1. 图像修复与增强

AIGC 能够对输入的图像进行自动修复，提升图像的质量。它可以修复损坏的图像，调整图像的色彩、亮度、对比度等参数，使图像更加清晰与美观。

2. 艺术创作与风格转换

AIGC 能够通过海量的图像分析，学习艺术作品的风格与特征，进而进行艺术创作。同时，它还可以实现图像风格转换，如将用户的照片转换为漫画风格照片、将现实风景照片转化为油画风格照片等。

3. 图像生成与合成

在图像生成与合成方面，AIGC 能够生成虚构的人物、物体、风景等，为游戏、影视制作等领域提供虚拟角色生成、虚拟场景生成等内容生成解决方案。

4. 图像编辑与转换

AIGC 能够修改图像的一些属性或进行内容转换，实现图像编辑。例如，AIGC 能够将一张夏天的风景图像转换成冬天的风景图像，或对图像中的人物、房屋等进行修改。在具体应用场景中，AIGC 能够根据用户需求自动生成精美图像，并根据用户提出的细节要求对图像进行局部修改。

AIGC 图像生成能够应用于以上诸多场景中，对诸多行业进行赋能。在电商营销、游戏、影视等行业中，AIGC 图像生成都已经实现了应用。

以电商营销行业为例，2023 年 12 月，京东推出 AIGC 内容生成平台"京点点"。该平台可以理解商品特征，自动生成商品图片，助力电商营销。

只需要一张商品原图，该平台就能够基于对图片的分析、理解，快速生成商品主图、商品详情图、营销海报等内容，帮助商家快速上线产品、进行营销。这极大地提高了商家的运营效率和营销内容质量。

基于高质量的数据集处理技术，该平台能够对各种图像数据集进行标注，筛选出商品图、模特试装图等图像数据集，满足模型训练需求。同时，在商品属性合规检测方面，该平台补充了大量 AIGC 图像样本，在保障内容合规的同时，提高自身对 AIGC 生成内容的识别检测能力。

此外，为了提升图像生成的效果，该平台通过大量自训练的商品场景增强图像的丰富度和真实感。同时，该平台对商品识别、自动抠图、商品图延展控制等能力进行了拓展，提升了生成图像的质量。

AIGC 图像生成功能强大，基于各种 AIGC 平台、AIGC 图像生成工具等，图像生成、图像编辑等都可以实现。用户只需要提出自己的要求，并对生成的图像进行合规、效果方面的把控即可。

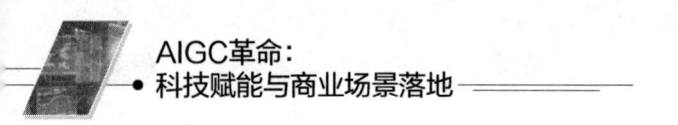

1.2.3 音频生成：生成多元化音频内容

在音频生成方面，借助机器学习和深度学习算法，AIGC 能够再现人类的语音、生成音乐与各种音效，实现拟真且自然的音频产出。

AIGC 音频生成可以实现语音识别、语音合成、音乐生成等。

在语音识别方面，AIGC 能够准确识别与转录用户的语音，将用户的语音信号转化为数字信号，并以文本形式输出。这一技术可以应用于语音搜索、语音翻译等领域。

在语音合成方面，AIGC 能够将文本信息转换为语音并输出。在这个过程中，AIGC 可以准确模拟人类的语音特征，如音色、语调等，生成自然的语音。这一技术可以应用于语音广告、语音导航等多个场景中。

在音乐生成方面，基于对音乐库、音乐样本、音乐理论等数据的学习，AIGC 能够生成各种风格的音乐、音效等。在音乐创作、游戏音效制作、影视配乐等方面具有很大的应用潜力。

AIGC 音频生成的应用范围广泛，能够根据用户需求生成语音配音、背景音效等，带给用户更好的语音交互体验。当前，在这一领域，已经有不少企业进行了探索。2023 年 8 月，美国互联网公司 Meta 发布了 AIGC 音频生成工具 AudioCraft，该工具能够根据用户的文本提示创作音乐与音频。

AudioCraft 综合使用了多款大模型，不仅可以生成拟真的音频效果，还能够减少音损。同时，其基于自监督音频学习的方式和许多分层、级联模型生成音频。当原音频进入系统时，系统能够捕获信号中的远程结构，进而生成音频。

在应用方面，AudioCraft 模型训练使用的是经过授权的音乐库，规避了版权风险。同时，基于丰富的音效训练，其能够生成动物叫声、脚步声等各种模拟音效。此外，作为一个开源的 AIGC 音频生成工具，其支持用户开发专属的音频模型。

1.2.4 视频生成：基于视频理解生成视频

在视频生成方面，AIGC 能够根据用户输入的文本、图像、视频等多模态数据，自动生成符合用户需要的高保真的视频内容。AIGC 视频生成能够应用于以下场景，如图 1-4 所示。

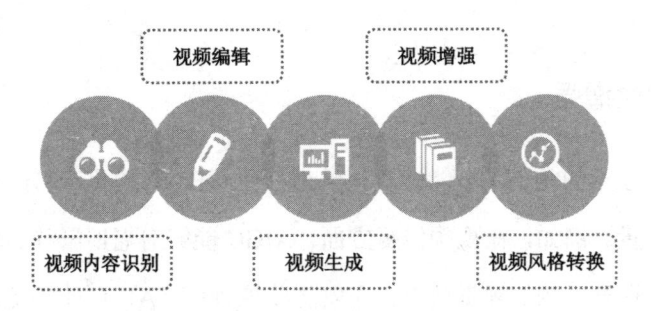

图 1-4 AIGC 视频生成的应用场景

1. 视频内容识别

AIGC 能够实现视频内容识别，对视频中的人物、物体、场景等进行识别、分类。例如，在交通领域，AIGC 能够对交通视频进行检索，对目标进行跟踪，识别异常事件等。在影视领域，AIGC 能够对影视视频进行人物分类、场景分类等，提高影视内容制作效率。

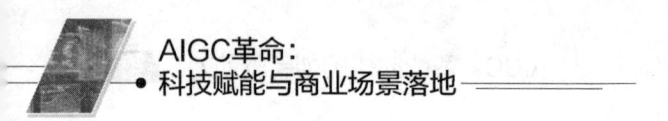

2. 视频编辑

AIGC 能够进行视频编辑，对视频进行剪辑、拼接，给视频添加特效或音效等，使视频呈现更好的视觉效果。在影视制作方面，AIGC 能够辅助后期人员进行人物抠取、改色以及替换视频画面等，降低后期制作成本。

3. 视频生成

AIGC 能够根据用户要求整合输入的素材，自动生成视频。例如，其可以生成电视剧、电影中的虚拟场景；根据原始影片生成预告片；根据产品描述生成产品广告等。AIGC 能够实现多元化的视频生成，帮助影视、电商等行业降本增效。

4. 视频增强

视频增强指的是 AIGC 能够对视频进行色彩校正、锐化、超分辨率等处理，提升视频质量。例如，在视频修复方面，AIGC 能够对老旧影片、珍贵视频等进行修复，提升视频的视觉效果；在安防监控领域，AIGC 能够减少噪声，提高视频的清晰度和监控的可靠性。

5. 视频风格转换

AIGC 能够根据用户要求将原始视频转换为不同风格的视频。例如，将真人视频转换成动漫风格的视频，进行黑白与彩色之间、白天与夜晚之间的转换等。这在影视制作、广告制作领域有广阔的应用前景，可以提高视频的艺术性，使视频更符合目标受众的偏好。

1.2.5 跨模态生成：实现多模态间的转换与生成

跨模态生成指的是 AIGC 能够实现文本、图像、视频等多模态间的转换与生成，如将图像转换为文本、视频等。

跨模态生成依赖跨模态生成模型实现。跨模态生成模型包括编码器和解码器两个部分。其中，编码器能够将输入的多模态数据转化为潜在的语义表示；解码器能够将潜在的语义表示转化为特定模态的输出。通过端到端的模型训练，跨模态生成模型能够学习输入和输出之间的映射关系，进而实现跨模态生成。

跨模态生成能够通过多种方式实现。例如，文本与图像之间的跨模态生成可以根据文本生成相关图像，也可以根据图像生成文本；音频与视频之间的跨模态生成可以根据输入的音频生成相关视频，也可以根据视频生成对应的音频。

跨模态生成可以应用于广告营销、智能家居控制等领域，应用场景非常广泛。例如，跨模态生成可以用于广告制作，根据广告主的需求生成符合其要求的广告内容；可以用于智能家居控制，根据用户的语音指令生成相应的控制信号等。

在跨模态生成方面，微软已经进行了探索。微软联手北卡罗莱纳大学发布了一篇名为《通过可组合扩散实现任意生成》的论文，介绍了一种名为 CoDi（Composable Diffusion，可组合扩散）的多模态生成模型。

CoDi 能够基于用户输入的任意模态的内容输出任意模态的内容，如文本、图像、视频、音频等。同时，其可以同时处理多种模态的数据，并同时输出

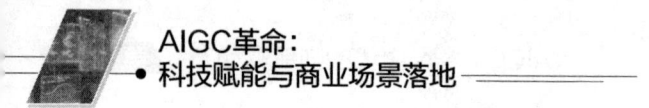

多模态的内容。这能够大幅提升内容生成效率。

基于强大的内容整合与输出能力，CoDi 有望改变人机交互的多个领域。例如，作为一种辅助技术，CoDi 可以帮助残疾人更好地实现与计算机的交互；可以通过多元化交互重塑学习工具，学生可以学习集成在一起的多模态内容，增强对知识的理解。

总之，CoDi 将变革内容生成领域。CoDi 能够生成多模态的高质量内容，简化内容创作过程，减轻创作者的创作压力。其可以被应用于社交媒体内容创作、小说故事打造等多场景中，重塑内容生成格局。

未来，随着企业探索的加深，跨模态生成将进一步发展，更多多元化的 AIGC 应用将出现。

1.3 ChatGPT 引爆 AIGC 火热发展

ChatGPT（Chat Generative Pre-trained Transformer）的诞生及其在多个领域的广泛应用，不仅凸显了 AIGC 的巨大应用潜力，更让越来越多的人深刻认识到 AIGC 背后所蕴藏的巨大发展空间。基于这样的认知，众多企业纷纷抢滩布局 AIGC 领域，推动该领域呈现出蓬勃发展的态势。随着技术的不断进步和应用的不断拓展，AIGC 领域无疑将成为未来科技发展的重要引擎，引领行业创新，推动社会进步。

1.3.1 ChatGPT：典型的 AIGC 工具

ChatGPT 是人工智能研究公司 OpenAI 于 2022 年 11 月推出的一款聊天机器人程序。基于底层预训练模型，其能够生成各种回答，依据上下文与用户进行自然的沟通、互动，甚至能够完成视频脚本撰写、文案创作、语言翻译等任务。

ChatGPT 具有强大的能力，这主要体现在以下几个方面。

（1）强大的语言生成能力。ChatGPT 可以生成符合语法规范、逻辑严谨、流畅的语言，极大地提升了用户体验。

（2）能够适应不同的对话场景。在不同的对话场景中，ChatGPT 能够输出不同的内容。例如，在自然聊天场景中，ChatGPT 能够与用户进行口语化的沟通，给予用户情感关怀；在智能客服场景中，ChatGPT 能够化身专业人士，根据问题为用户提供专业化的回答。

（3）能够实现多语言处理。ChatGPT 支持英语、中文、日语等多种语言，打破了不同语言之间的壁垒，能够实现不同语言之间的翻译与交流。

基于以上优势，ChatGPT 在智能客服、市场营销、知识问答等领域得到广泛应用。企业可以给自己的应用接入 ChatGPT，打造专属的智能应用。例如，企业能够基于 ChatGPT，打造专属的智能客服。

一方面，企业需要收集高质量的训练数据，包括客服人员的历史对话、客服培训资料、产品知识等数据，并构建数据集。基于这些数据，企业可以对 ChatGPT 进行训练，使 ChatGPT 能够理解企业产品知识、用户意图等，根据用户的问题给出对应的回答。

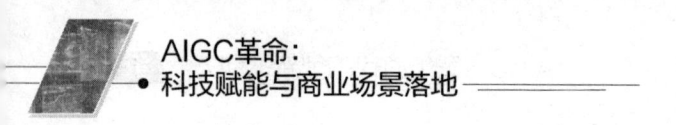

另一方面，企业根据自己的业务，合理设计问答库，并对问答库不断优化、更新。这样当用户提出新问题时，ChatGPT 能够快速给出专业的回答。

作为一个典型的 AIGC 工具，ChatGPT 在很多领域都有巨大的应用价值。当前，已经有不少企业尝试将 ChatGPT 接入自身应用，打造智能客服系统、智能创作平台等。未来，ChatGPT 的应用将更加深化和广泛，为各行各业带来革命性的变革。

1.3.2　GPT-4V 模型：赋予 ChatGPT 多模态能力

ChatGPT 强大能力的背后，离不开底层模型——GPT 系列模型的支持。经过多次迭代，OpenAI 公布了具备多模态能力的 GPT-4V 模型，推动 ChatGPT 的能力实现进一步提升。

基于 GPT-4V 模型，ChatGPT 除了具备传统的文本创作能力，还具备"听""说""看"等能力，能够实现更加直观的交互。

在语音输入方面，用户只需输入自己的语音，ChatGPT 就可以将其转换为文本，生成相关答案并将答案转换成语音输出。这意味着，用户可以通过语音直接与 ChatGPT 对话。在语音输出方面，GPT-4V 模型可提供男声、女声等多种选择，满足不同用户的需求。

在图像输入方面，用户可以将照片上传到 ChatGPT 上。ChatGPT 能够识别照片，并根据用户的问题给出相应的回答。例如，ChatGPT 能够识别照片中的物体，并生成相应的文字描述。

同时，GPT-4V 模型在完成复杂视觉任务方面具有强大的能力，主要体现在以下几个方面。

（1）物体检测。GPT-4V 模型可以识别、检测图像中的物体，如房屋、动物等。

（2）文本识别。GPT-4V 模型能够检测图像中的文本，并将其转换为机器可读文本。

（3）人脸识别。GPT-4V 模型能够识别图像中的人脸，并根据面部特征识别性别、年龄等。

（4）地理定位。GPT-4V 模型学习了现实世界的地理知识，能够识别风景图像中的城市、地理位置等信息。

基于强大的 GPT-4V 模型，ChatGPT 具备"听""说""看"等多种能力。这展示了多模态大模型的巨大应用潜力。随着技术研发的推进与 GPT 系列大模型的持续迭代，ChatGPT 将实现更加多元化的应用。

1.3.3 GPT-5 模型：带来突破式发展

自 GPT-4 模型发布以来，外界对新一代底层模型 GPT-5 的期待越来越高。2024 年 3 月，OpenAI 创始人山姆·奥特曼回应了关于 GPT-5 模型的传闻，并公布了诸多细节。

山姆·奥尔特曼（Sam Altman）表示，GPT-5 模型的能力将实现大幅提升，超乎人们的想象。与 GPT-4 模型相比，GPT-5 模型能够以更加强大的性能完成多样化的任务。

GPT-5 模型将带来哪些技术进步？一方面，GPT-5 是一个支持语音、视频、代码等多模态内容的多模态模型，在个性化功能方面将实现重大更新。除了支持多模态数据输入与多模态内容输出，GPT-5 模型理解个人偏好的能力增

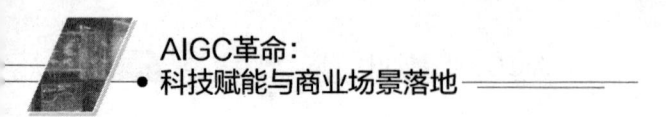

强，其通过整合用户信息了解用户偏好，进而生成个性化、更加符合用户需求的内容。同时，GPT-5 模型还能够与外部数据源建立联系，使用用户提供的数据，并据此生成定制化内容。

另一方面，GPT-5 模型具有更强的推理能力，可靠性更高。当前的大模型普遍存在幻觉问题，即会根据问题胡乱编造内容，而 GPT-5 模型能够解决这一问题。凭借强大的推理能力，GPT-5 模型能够生成更加准确的答案，提升生成内容的准确性。

此外，GPT-5 模型还具备学习、分析、回应数据和主动学习的能力，与当前需要人类"投喂"数据进而实现学习的模型有着本质的区别。GPT-5 模型能够根据目标与需求，自主获取与处理数据，更有效地利用数据中的信息，更灵活地适应不同应用场景。

GPT-5 模型在一些垂直场景中有巨大的应用价值。医学、法律等垂直领域通常有自己的专业术语、知识体系等，普通模型难以理解并处理这些数据。而 GPT-5 模型能够主动搜索、更新垂直领域的数据，分析这些领域的概念、原理、动态等，实现在这些领域的应用。这意味着，GPT-5 模型不需要接入专业模型，就能够解决专业任务，通用性大幅提升。

GPT-5 模型将会影响各行各业的发展。一方面，基于强大的学习能力，GPT-5 模型能够快速掌握各领域的专业知识，高效完成各种任务。这将对翻译、写作、客服等传统行业产生巨大冲击，导致更多岗位被合并或被取代。另一方面，GPT-5 模型将催生一些新的行业或职业，如人工智能训练、虚拟世界建设等。

总之，GPT-5 模型将推动 AIGC 产业实现突破式发展，推动 AIGC 技术迭代与应用领域进一步拓展。未来，AIGC 将深入人们生产生活的方方面面，为人们带来丰富多样的智能服务。

1.3.4 Sora 模型：OpenAI 的里程碑式探索

2024 年 2 月，OpenAI 推出文生视频模型 Sora，引起了广泛关注。在 Sora 模型出现之前，AIGC 视频生成赛道已经出现了一些 AIGC 视频生成模型，为什么 Sora 模型还能够引发广泛关注？

和以往的 AIGC 视频生成模型相比，Sora 模型取得了突破式进展。其能够根据文本描述或图片生成长达 1 分钟的视频。同时，除了在视频中生成复杂的场景、生动的角色，其还能够实现多角度镜头切换，提升视频表现力。

具体而言，Sora 模型的优势主要体现在以下三个方面。

（1）和以往能够生成几秒或十几秒视频的 AIGC 视频生成模型相比，Sora 模型能够生成 1 分钟的视频，在视频时长方面突破了纪录。

（2）以往的 AIGC 视频生成模型只能生成单一视角的视频，而 Sora 模型能够在视频中展现多视角的运动镜头，实现多视角剪辑与场景变换，镜头语言更加丰富。

（3）Sora 模型还具有强大的物理世界模拟能力，能够对物理世界的各种场景进行逼真的模拟，并实现场景的自然生成。这使得 Sora 模型生成的视频内容更加真实。

在视频内容创作领域，Sora 能够大幅提高视频创作的效率。传统视频创作往往需要功能完备的团队的支持，同时需要耗费大量时间，而 Sora 模型能够快速生成脚本与视频。这能够帮助用户快速完成视频创作，同时降低视频创作门槛，让更多人参与到视频创作中来。有了 Sora 模型的支持，不仅影视、短视频领域的从业者能够实现快速创作，传媒、电商、教育等领域的从业者

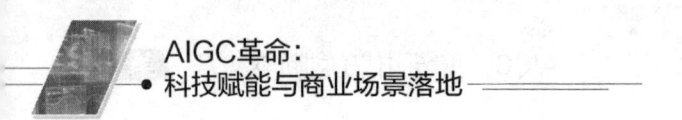

也可以轻松进行新闻资讯视频、电商营销广告、在线课程等内容的创作。

同时，Sora 模型模拟物理世界的能力为虚拟世界打造带来了新的机遇。以往，虚拟世界打造通常需要耗费大量人力和时间来创建虚拟场景与角色，而借助 Sora 模型，开发者能够快速生成虚拟世界中的场景与角色，加快开发进程。这使得虚拟世界打造变得更加容易，也为更多领域的创新带来了可能。

例如，在游戏领域，开发者可以借助 Sora 模型开发新游戏、打造逼真的游戏场景与角色；在教育领域，开发者可以借助 Sora 模型打造虚拟教育场景，让学生身临其境感受历史事件；在文旅领域，开发者可以打造逼真的虚拟旅游场景，让游客足不出户就能够欣赏到世界各地的美景。

总之，Sora 模型为众多行业带来了新的发展机遇，成为推动商业变革的重要力量，推动各行各业迈向智能化的未来。

1.4 发展趋势：从 AIGC 到 AGI

随着技术的持续进步与创新，AIGC 的应用领域不断拓展，覆盖越来越多细分领域。同时，AIGC 朝着通用、全面的方向发展，逐渐走向 AGI（Artificial General Intelligence，通用人工智能）。从 AIGC 到 AGI 的发展趋势不可逆转，未来的 AGI 将展现出更加强大的通用能力和更广阔的应用前景，对人类社会的发展产生更加深远的影响。

1.4.1 AGI：完成多种复杂任务

和 AIGC 相比，AGI 具备强大的通用能力，不是只能够完成某个特定任务。

AGI 主要具有两方面的能力。一是实现跨模态感知与生成。AGI 能够将文字、图像、音频等多模态数据结合起来，生成多感官内容。例如，根据海鸥的叫声生成海鸥的图片，将图片转换成音频、视频等多模态数据。总之，AGI 可以实现多模态数据之间的互相转换。

二是实现多任务协作。AGI 能够同时完成多个任务，并在不同任务之间进行协调和转换。例如，其能够通过与用户的沟通理解指令、分解指令、完成相关任务等。将这种能力应用到机器人身上，将极大地提升机器人的智能性。例如，具备通用能力的机器人能够与用户对话，理解用户的意图并执行相关操作。

当前，在 AGI 方面，谷歌旗下的人工智能公司 DeepMind 公布了其打造的机器人模型 RT-2。基于 RT-2，机器人不仅能够理解人类语言，还能对语言进行推理，将其转变为自身能理解的指令，从而完成任务。

具体而言，RT-2 支持下的机器人具备三大能力：符号理解、推理、人类识别。

（1）符号理解。RT-2 能够将大模型预训练的知识延展到机器人上，提升机器人的理解能力。例如，即便机器人的数据库中没有某种物体，它也能凭借大模型中的知识理解该物体的外观特征，并执行相应的操作。

（2）推理。在推理方面，机器人具备数学逻辑推理、视觉推理、多语言

理解等能力。数学逻辑推理使机器人能够执行复杂的数学运算和逻辑分析；视觉推理则赋予机器人通过视觉信息准确识别物体的能力；而多语言理解则让机器人能够流畅地理解包括英语在内的多种语言指令，从而实现无障碍交流。

（3）人类识别。人类识别是指机器人能够准确识别和理解人类的指令，并快速完成相关任务。

这三大能力的实现得益于 RT-2 多模态大模型的强大支持。研究人员成功将多模态大模型的推理、识别等能力与机器人技术相结合，通过融入机器人动作模态，并将机器人数据纳入多模态大模型的训练数据库，最终实现了对机器人的精准控制。

1.4.2 通用大模型的研发成为布局焦点

AGI 的实现离不开底层通用大模型的支撑。基于此，越来越多的企业开始探索通用大模型，加速通用大模型的研发。

聚焦国内，华为、腾讯、百度等科技巨头都推出了自己的通用大模型，如华为推出了盘古大模型、腾讯推出了混元大模型、百度推出了文心大模型等，并持续推动通用大模型的应用。

以华为为例，华为提出了基础模型、行业模型、场景模型三层架构，积极推动盘古大模型的应用。

其中，基础模型层包括自然语言大模型、多模态大模型等基础大模型，为行业客户提供不同规模参数的大模型；行业模型层提供政务、制造、气象方面的行业大模型，除了调用这些模型，客户还可基于自有数据，在基础模型、行业模型的基础上训练自己的专属模型；场景模型层为用户提供多样的垂直场景模型，专注于政务热线、先导药物筛选、台风路径预测等特定业务场景，为客户提供更加细致的模型服务。

盘古大模型具备强大的通用能力，能够应用在诸多场景中。例如，盘古气象大模型能够预测气象变化，减少极端天气带来的损失。以往，预测天气需要获取气象卫星观测站提供的数据，数据获取与预测耗时较长，而盘古气象大模型仅需几秒就能够给出预测结果。

再如，盘古制造大模型能够应用于制造领域，助力生产提速。在生产规划方面，以往，工作人员需要花费大量时间根据需求制订合适的生产计划，而盘古制造大模型能够在短时间内设计好未来的生产计划，提高生产效率。

此外，盘古大模型还可以应用于政务、能源、建筑等领域，为客户提供智能化解决方案。

放眼国外，谷歌、微软、英伟达等企业都在通用大模型方面做出了探索。以谷歌为例，2023 年 5 月，在"谷歌年度开发者大会"上，谷歌推出了通用大模型 PaLM 2。基于强大的通用能力，PaLM 2 能够完成数学推理、语言翻译、应用开发等任务，能够与搜索、办公等方面的产品相结合，提升产品智能性。

通过海量数据训练、模型架构与算法优化，与此前的 PaLM 模型相比，PaLM 2 的语言处理能力、编程能力等都有所提升。此外，PaLM 2 能够基于不同场景需求调整模型结构与参数，给出个性化的场景解决方案。未来，谷歌将推进 PaLM 2 的开源，为更多用户提供通用模型服务。

第 2 章

技术图谱：多技术积累引爆 AIGC 能力

　　AIGC 的发展离不开预训练模型、自然语言处理、多模态等多种技术的支持。这些技术相互促进、相互融合，为 AIGC 的发展提供了强大的动力。

2.1 预训练模型：AIGC 多领域应用的基石

AIGC 是由模型驱动的，其产品形态与特性深受其背后模型的影响。预训练模型以其卓越的性能和巨大的应用潜力，成为 AIGC 实现商业化发展的关键支撑和稳固基石。它作为 AIGC 的底层设施，不仅为 AIGC 提供了强大的技术支持，更在推动 AIGC 向多领域拓展的过程中发挥着不可替代的作用。因此，预训练模型的重要性不言而喻。

2.1.1 Transformer 模型提供底层模型

Transformer 模型是一种神经网络模型，采用先进的注意力机制，能够根据重要性分配输入数据的权重。这种灵活性能够使其更好地捕捉输入内容间的长距离依赖关系，提高模型性能。

Transformer 模型加速了预训练模型的发展。Transformer 模型架构灵活，具有很强的可扩展性，可以根据任务和数据集规模的不同，搭建不同规模的模型，提升模型性能，为预训练模型的开发奠定基础。同时，Transformer 模型具有很强的并行化能力，能够处理大规模数据集。

在大规模数据集和计算资源的支持下，用户可以基于 Transformer 模型设计并训练参数上亿的预训练模型。基于 Transformer 模型训练预训练模型成为

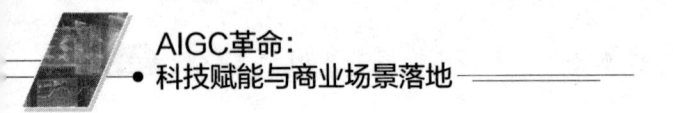

预训练模型开发的主流模式。

OpenAI 推出的 GPT 系列模型，就是基于 Transformer 模型的生成式预训练模型。ChatGPT 基于 Transformer 模型进行序列建模和训练，能够根据前文内容和当前输入内容，生成符合逻辑和语法的结果。

Transformer 模型包括编码器、解码器两个模块，能够模拟人类大脑理解语言、输出语言的过程。其中，编码指的是将语言转换成大脑能够理解和记忆的内容，解码指的是将大脑所想的内容表达出来。虽然 ChatGPT 使用了 Transformer 模型，但只使用了解码器的部分，目的是在妥善完成生成式任务的基础上，减少模型的参数量和计算量，提高模型的效率。

从内容生成模式来看，ChatGPT 不会一次性生成所有内容，而是逐字逐词生成，在生成每个字、每个词时，都会结合上文。这使得 ChatGPT 生成的内容更有逻辑，更有针对性。

此外，ChatGPT 对 Transformer 模型进行了一系列优化。例如，采用多头注意力机制，使得模型能够同时学习不同特征空间的表示，提高了模型性能和泛化能力；在网络层中采用归一化操作，加速收敛和优化网络参数；添加位置编码，为不同位置的词汇建立唯一的词向量表示，提高了模型的位置信息识别能力。

通过以上优化，ChatGPT 在对话生成方面展现出较好的应用效果和巨大的应用价值。例如，在单轮对话生成中，ChatGPT 能够根据用户的提问，快速生成合适的回复内容；在多轮对话生成中，ChatGPT 可以通过上下文理解和推断，更好地生成对话内容，提高了交互的效果和效率。

总体来看，Transformer 模型在机器翻译、文本生成、智能问答、模型训练速度方面均优于之前的模型。而基于 Transformer 模型的 GPT 系列模型，也具有强大的应用能力和性能。

2.1.2 核心机制：预训练与微调

预训练模型在完成通用任务方面具有良好的性能，能够为特定任务的完成奠定基础。预训练模型通过预训练与微调实现学习，从而提高性能，完成多种任务。

其中，预训练是模型学习的初始阶段。在预训练期间，模型会基于各种数据，如书籍、文章、图片等进行预训练。通过预训练，模型能够学习通用的知识。这一阶段的训练往往不针对任何具体的任务。预训练通常通过无监督学习的方式进行，即模型在没有明确指导的情况下基于海量数据进行训练。

微调是针对特定任务进一步训练预训练模型的过程。在微调过程中，预训练模型基于特定的数据集进行进一步的训练，以掌握特定能力，满足具体的任务要求。例如，微调能够使自然语言预训练模型在文本生成、翻译、问答等任务方面表现得更加出色。

微调通常分为两种方式。一种方式是通过特定领域的标记数据对模型进行微调，另一种是基于人类反馈的强化学习对模型进行微调。后者是一种更为复杂、耗时的微调方法，但能够取得更好的微调效果。

预训练模型具有诸多优势。一方面，预训练模型能够减少数据需求。对于一些可用数据有限的任务，预训练模型能够凭借通用知识的训练与学习提高性能。另一方面，由于预训练模型已经在大量通用数据中进行了预训练，因此针对特定任务的训练时间得以大幅缩短，提高了训练效率。此外，预训练模型还能够将已经学到的知识迁移到其他任务中，提高任务完成效率。

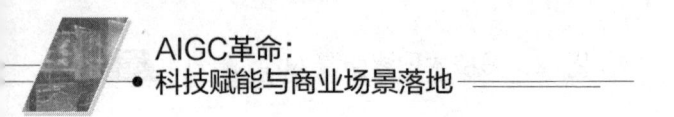

总之，通过预训练与微调的方式，预训练模型能够基于全面、专业的数据知识，形成高效、专业的生成能力，更好地适应各种各样的任务。

2.1.3 预训练模型走向多模态化

从发展趋势上来看，预训练模型经过了单语言预训练模型、多语言预训练模型两个发展阶段，逐渐向多模态预训练模型的方向发展，性能不断提升。

1. 单语言预训练模型

单语言预训练模型基于单一语言数据训练而成，能够实现单语言内容输出，能够处理的任务类型较少。BERT（Bidirectional Encoder Representations from Transformers，来自变换器的双向编码器表征量）是一种典型的单语言预训练模型，其预训练由 MLM（Masked Language Model，掩码语言建模）、NSP（Next Sentence Prediction，下一句预测）两个无监督任务组成。

其中，掩码语言建模指的是随机地将输入的内容中的一些词替换成特殊的掩码符号，训练模型通过上下文预测被掩码的词的能力。下一句预测的目的是强化语句之间的关系，预测语句是否连续。BERT 模型可以在微调的基础上满足多种任务的需求，完成文本分类、自动问答等任务。

2. 多语言预训练模型

多语言预训练模型能够覆盖多种语言，具备强大的语言能力。其可以基于数十种甚至上百种语言进行预训练，能够完成多种自然语言处理任务，如机器翻译、智能问答、情感分析等。

XLM（Cross-lingual Language Model，跨语言模型）是一个典型的多语言预训练模型。其采用两种预训练方法：一种是基于单语言数据进行无监督学习，另一种是基于平行语料数据进行有监督学习。所有语种共用一个字典，共享相同的字母、数字符号、专有名词等。XLM 保留了 BERT 模型的掩码语言建模模式，同时加入了因果语言建模模式，可以在给出上文的情况下预测下一个词。

3. 多模态预训练模型

多模态预训练模型在多语言预训练模型的基础上，能够实现文字、语音、视频等多种内容的同步转化，并实现多任务处理。多模态预训练模型具备两种能力：其一是寻找不同模态数据之间的关系，如将文字描述和视频对应起来；其二是实现不同模态数据之间的转换与生成，如将文字描述转换成视频。

多模态预训练模型是很多企业布局大模型的主要着力点。2023 年 4 月，全球化移动互联网公司 APUS（麒麟合盛网络技术股份有限公司）发布了多模态预训练模型 AiLMe。AiLMe 可以理解并生成文本、图像、音频、视频等内容。在技术架构方面，AiLMe 采用的是主流的 Transformer 架构，同时采用了一套插件架构，可以接入其他工具，具有强大的能力。

纵观预训练模型的发展历程，从单语言到多语言再到多模态，其能力不断提升。未来，多模态预训练模型有望接入更加复杂、广泛的数据，完成更加多元化、复杂的内容生成任务。

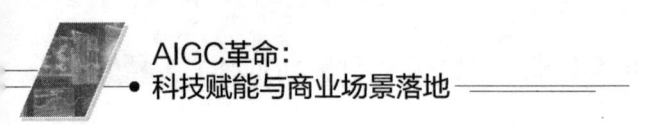

2.2 自然语言处理：实现 AIGC 内容生成

自然语言处理是计算机理解和生成自然语言的过程，是 AIGC 实现内容生成所依赖的核心技术。通过这种技术，AIGC 能够准确捕捉自然语言中的信息，并据此生成精准、富有逻辑的回应，从而为用户带来更加自然、流畅的交互体验。因此，自然语言处理在推动 AIGC 内容生成方面发挥着至关重要的作用。

2.2.1 词性标注+句法分析+语义分析

自然语言处理技术能够帮助 AIGC 实现自然语言理解，这主要表现在以下三个方面。

1. 词性标注

词性标注指的是将原始文本中的词语进行分割，并为不同的词语赋予不同的词性标签，如名词、动词、形容词等。基于深度神经网络模型，如 CNN（Convolutional Neural Networks，卷积神经网络）、Transformer 等，AIGC 能够通过学习上下文信息、语义表示等进行词性标注。这使得 AIGC 能够理解文本的语法结构，提取关键信息进行句法分析。同时，在问答系统中，通过词性标注，AIGC 能够识别问题中的关键词，进而理解用户意图。

2. 句法分析

句法分析指的是对句子结构进行分析，以关系图的方式表示句子中各成分之间的关系。基于自然语言处理技术，AIGC 能够在文本学习过程中理解句子的句法结构，进而实现机器翻译、智能问答等。

例如，在机器翻译方面，AIGC 能够更好地理解句子结构，进而生成更加准确的翻译内容；在智能问答方面，AIGC 能够理解用户的问题，并从知识库中提取正确的答案。

3. 语义分析

语义分析指的是对文本进行深入的语义理解与分析，包括正确理解语义、句子情感分析等。这能够使 AIGC 准确理解文本的含义，进行准确的语义推理。例如，在智能搜索方面，基于对用户提出的问题进行语义分析，AIGC 能够提供更加准确的搜索结果；在情感分析方面，AIGC 能够分析社交媒体、用户评论中的情感倾向，帮助企业进行舆情分析。

2.2.2 文本生成+文本摘要+文本校对

自然语言处理技术能够从多方面赋能 AIGC 实现自然语言生成，如文本生成、文本摘要、文本校对等。

1. 文本生成

AIGC 生成的文本不仅需严格遵循语法规范，确保语义精确，还要能满足用户的要求。一些深度学习模型，如 RNN（Recurrent Neural Network，循环

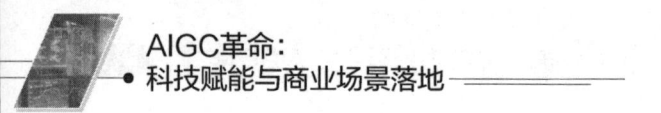

神经网络)、Transformer 等，能够通过学习语料库中的语言模式和语义信息，实现文本生成。

AIGC 的文本生成能力体现在多个方面。例如，AIGC 能够根据用户提问生成流畅的回复，与用户进行交互；能够根据用户输入的提示文本，生成完整的文章、故事等；能够根据诗歌韵律和押韵规则，生成诗歌作品。

2. 文本摘要

文本摘要旨在从输入文本中提炼核心内容，并输出简洁、概括性的内容。摘要可以分为以下三种类型。

（1）提取式摘要：基于文本中的核心语句生成摘要。

（2）生成式摘要：基于文本内容生成新的摘要内容。

（3）混合式摘要：结合提取式摘要和生成式摘要两种方式生成摘要。

基于自然语言处理技术，AIGC 具备强大的文本摘要能力，既能提取文本中的内容，也能生成新的摘要内容。这能够帮助用户快速了解文本内容，提高浏览效率和理解能力。例如，AIGC 能够提炼新闻中的关键信息，生成新闻摘要，帮助用户了解新闻内容；能够根据文档生成概括性的摘要，便于用户浏览。

3. 文本校对

文本校对旨在精准识别和纠正文本中的错误，确保文本的准确性、可读性，提升用户的阅读体验。基于深度学习的模型，如 RNN、Transformer 等，AIGC 能够学习文本的语法和语义特征，准确地进行文本检测并纠正文本错误。

基于此，AIGC能够实现智能校对。例如，在文字处理软件中，AIGC能够检查、纠正用户输入的文本，提供校对建议，提升文本质量；在文本校对软件中，AIGC能够批量处理大量文本，自动检测并纠正文本中的错误，提升文本可读性；在文本翻译过程中，AIGC能够自动校对翻译后的文本，优化翻译用词，提升翻译准确性。

总之，自然语言处理技术能够从多方面赋能AIGC内容生成，不仅能够让AIGC更好地理解人类语言，还能够让其准确地生成人类语言。未来，随着自然语言处理技术的发展，其将更有力地推动AIGC进步，为用户带来更加便捷、高效的沟通体验。

2.3 多模态技术：提供人机交互新方式

多模态技术能够从多个视角对事物进行表述，让事物更加立体、全面地呈现出来。这颠覆了传统的单模态模型，推动了多模态大模型的发展，同时基于多模态交互，人机交互也变得更加自然。

2.3.1 多模态生成：多模态模型完成多种转换任务

多模态技术是相较于单模态技术而言的。基于单模态技术的模型只能处理特定类型的数据，无法实现多种数据间的交互，也无法捕捉多种数据间的关联。

而基于多模态技术的模型能够处理文本、图像、视频等多种类型的数据，通过结合不同类型数据提供全面的信息。例如，多模态模型能够分析文本、图像、视频等多种数据中的信息，并具有更加深入的洞察力。

同时，基于多模态技术，多模态模型能够根据用户要求生成多模态内容。其多模态生成能力不仅体现在文本到图像、图像到文本等方面的生成，还能够实现多模态内容的转换与生成，如文本、图像、音频、视频间的内容转换与生成。这在音视频处理、多媒体创作方面具有重要应用价值。

基于强大的多模态内容处理与生成能力，多模态模型的应用十分广泛。在自然语言处理方面，多模态模型能够完成机器翻译、情感分析等任务；在计算机视觉方面，多模态模型能够完成人脸识别、目标检测等任务；在语音识别与生成方面，多模态模型能够完成语音合成、语音转文本等任务。

当前，在多模态生成方面，许多企业已经进行了探索，并公布了初步成果。例如，上海人工智能实验室联合清华大学、商汤科技等多家高校和企业，共同发布了多模态生成模型 MM-Interleaved。其具有精准理解图像细节和语义的能力，支持图文穿插的图文输入与输出。具体而言，MM-Interleaved 具有以下三大能力，如图 2-1 所示。

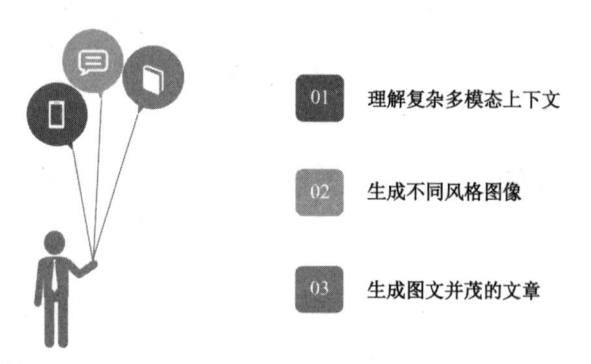

图 2-1　MM-Interleaved 的三大能力

1. 理解复杂多模态上下文

MM-Interleaved 能够根据图文上下文推理生成符合要求的内容，如计算图文数学题、根据 Logo 图像给出对应的公司介绍等。

2. 生成不同风格图像

MM-Interleaved 能够完成复杂的图像生成任务，如根据用户的描述生成相应的图像、根据用户指定的风格生成图像等。

3. 生成图文并茂的文章

MM-Interleaved 能够通过多种方式生成文章，如根据用户提出的开头进行自动续写、生成图文并茂的美食教程、根据图片生成故事等。

MM-Interleaved 在多模态理解任务中表现卓越，展现出独特的优势。经过进一步的微调与优化，该模型在视觉问答、图像描述、图生图以及视觉故事生成等多个细分任务中均有亮眼的表现。

总之，基于多模态技术，多模态模型能够处理和理解多种类型的数据，提供更加准确的分析结果，生成多模态内容。多模态模型具有巨大的发展潜力，未来，随着技术的进步和企业探索步伐的加快，多模态模型将迎来更大的发展。

2.3.2 多模态交互：人机交互更自然

在人机交互方面，多模态技术能够基于视觉、声音、触觉等方面的多种感知模态对人机交互进行增强与优化，提升用户的人机交互体验。

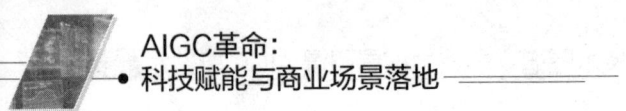

多模态技术能够从多方面重新定义人机交互方式，实现多模态交互。首先，基于多模态感知，机器人可以主动与用户沟通，接受多种形式的用户输入，实现更加智能的人机交互。

其次，人机交互的界面和形式将被重塑。除了通过用户界面进行人机交互，用户还能够通过语音、手势等进行人机交互。

再次，人机交互方式将变得更加灵活。基于多模态交互技术，机器人能够根据用户的需求和反馈，自动调整交互界面。

最后，多模态技术能够促使机器人实现更加智能的人机交互。基于多模态技术，机器人能够对用户的行为和习惯进行学习、分析，实现智能人机交互。

在智能人机交互方面，不少企业进行了探索。2023年3月，世优（北京）科技股份有限公司（以下简称世优科技）宣布成为百度文心一言的首批生态合作伙伴。之后，世优科技体验并全面接入文心一言的能力，打造新一代虚拟数字人。

当前，世优科技已经推出了AI虚拟主播慕兰。在直播过程中，慕兰能够根据用户提出的问题，给出简洁、流畅的回答。从直播效果来看，慕兰实现了智能化的实时互动，并能够与观众进行自然的情感交互。

未来，多模态技术与多模态大模型的发展，将赋予机器人、虚拟数字人等更强大的感知能力与理解能力，驱动其实现智能决策与行动。基于此，人机交互将更加自然，带给用户更优质的人机交互体验。

第 3 章

产业生态：生态化发展激活 AIGC 赛道

随着底层基础设施建设的加快以及众多企业的入局，AIGC 产业生态不断完善，形成了较为清晰的产业布局。同时，在企业、资本的助推下，AIGC 产业生态越来越活跃，生态圈不断拓展。

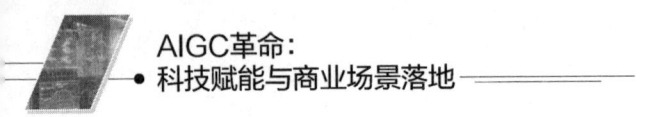

3.1 三层架构：基础层+技术层+应用层

从全局视角来看，AIGC产业可以分为基础层、技术层、应用层三层架构。其中，基础层为AIGC的发展提供底层基础设施；技术层聚焦AIGC相关技术研发，大模型是其中的研发重点；应用层聚集面向B（Business）端与C（Consumer）端的各种AIGC应用，是AIGC产业持续拓展的重要驱动力量。

3.1.1 基础层：为AIGC发展提供基础设施

AIGC产业的基础层为AIGC产业的发展提供各种基础设施，如数据、算力、计算平台、开发平台等。

1. 数据

AIGC底层模型的预训练、推理、微调等环节都离不开数据的支持。AI基础数据服务商是AIGC产业基础层的重要参与者。

当前，市场中的AI数据服务商主要分为三类。第一类是以百度、京东、腾讯为代表的科技巨头，推出了各自的AI数据服务，如百度智能云数据众包、京东众智、腾讯数据厨房等。这类企业入局AI数据服务市场较早，服务比较完备。

第二类是专业的数据服务商，如北京海天瑞声科技股份有限公司、拓尔思信息技术股份有限公司（以下简称拓尔思）、数据堂（北京）科技股份有限公司等。这类企业聚焦数据服务细分领域，能够提供专业、多样化的数据服务，所占市场份额最多。

第三类是提供 AI 数据服务的初创企业，如 MindFlow（杭州曼孚科技有限公司）、BodenAI（宁波博登智能科技有限公司）等。这类企业所占市场份额最少，但展现出巨大的发展潜力。

2. 算力

算力是支撑 AIGC 高效运行的重要基础设施。其中，AI 芯片发挥着重要作用。AIGC 产业基础层聚集了大量 AI 芯片厂商，如谷歌、英特尔、英伟达、深圳市海思半导体有限公司、联发科技股份有限公司、北京地平线机器人技术研发有限公司等。

2023 年 4 月，谷歌公布了其用于 AI 模型训练的 AI 芯片 TPU V4。早在 2016 年，谷歌就推出了用于机器学习的专用芯片 TPU，该系列芯片通过低精度计算，大幅提升了计算速度并降低了功耗，为谷歌旗下的搜索、自然语言处理等产品提供算力支持。

而此次公布的第四代 TPU 芯片 TPU V4 在提高效率、节能等方面实现了进一步突破，具有优越的性能。TPU V4 能够大幅提升 AI 模型的训练速度，支持更多的人工智能应用场景。

3. 计算平台

基于在智能计算方面的优势，计算平台可以为大模型训练提供支持。2023 年 6 月，云上科研智算平台 CFFF（Computing for the Future at Fudan）成功上线。该计算平台由复旦大学、阿里云、中国电信联手打造，通过公共云模式

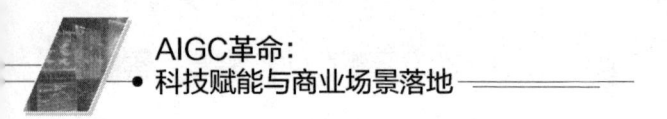

实现千卡并行的智能计算，为大模型训练提供支持。

该平台包括面向多学科融合创新与面向高精尖研究的两大计算集群。在高速传输网络、大规模异构算力融合调度技术、AI与大数据一体化技术等的支持下，两大计算集群组合成一台性能强大的超级计算机。基于该平台，复旦大学人工智能创新与产业（AI^3）研究院发布了一个中短期天气预报大模型，在展示出良好预测效果的同时大幅提高了预测速度。

4. 开发平台

开发平台可以提供AI算力、模型框架、在线推理、在线训练等大模型开发服务，将大模型开发能力开放给开发者。

以昇思大模型平台为例，该平台是一个集模型选型、在线训练、模型微调于一体的一站式大模型开放平台。该平台拥有AI实验室、模型库、数据集等多个模块，为模型训练提供算力支持，并拥有丰富的在线学习课程资源、有趣的社区活动等。

为了提升开发者的使用体验，该平台进行了多方面的升级。该平台打造了不同的大模型行业专区，如电力专区、工业专区等，提供从模型训练、推理到部署的大模型开发服务。同时，该平台还推出了课程模块，覆盖自然语言模型、视觉模型等大模型开发的多个领域，可以为开发者进行大模型开发提供有效的指导。

3.1.2 技术层：大模型研发成为重点

随着生成算法与多模态技术等前沿科技的持续进步与融合，AIGC技术的发展不断加速。其中，大模型作为集结多项技术精华的核心应用，受到了业界的广泛关注与追捧。在 AIGC 产业的技术层，各大参与者纷纷将大模型研发视为关键突破点，凭借自己深厚的技术积累与强大的创新能力，致力于打造出独具特色的大模型。AIGC 产业技术层的参与者及其成就如表 3-1 所示。

表 3-1　AIGC 产业技术层的参与者及其成就

类别	厂商	成就
互联网巨头	百度	文心大模型
	华为	盘古大模型
	腾讯	混元大模型
	阿里巴巴	通义大模型
AI 企业	商汤科技	日日新大模型
	科大讯飞股份有限公司（以下简称科大讯飞）	星火大模型
	北京昆仑万维科技股份有限公司	天工大模型
科研院所	北京智源人工智能研究院	悟道 3.0 大模型
	中国科学院自动化研究所	紫东太初 2.0 大模型
数据服务商	拓尔思	拓天大模型
	浪潮电子信息产业股份有限公司	源 1.0 大模型
垂直行业厂商	恒生电子股份有限公司（以下简称恒生电子）	金融行业垂直大模型 LightGPT
	北京幂律智能科技有限责任公司（以下简称幂律智能）	法律行业垂直大模型 PowerLawGLM
	一千零一艺	建筑行业垂直大模型阿拉丁 ALDGPT

根据以上表格可知，百度、华为等互联网巨头，商汤科技、科大讯飞等知名 AI 企业，北京智源人工智能研究院（以下简称智源研究院）、中国科学院自动化研究所等科研院所是大模型研发的主要力量。

基于在数据方面的优势，一些数据服务商也加入布局大模型的大军中，如拓尔思。拓尔思是一家人工智能、大数据以及数据服务提供商。在大模型

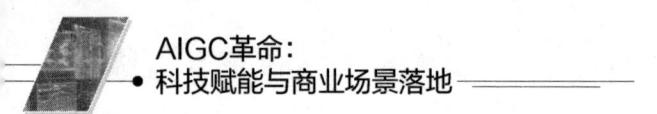

浪潮下，基于在数据、行业应用等方面的优势，拓尔思于2023年6月推出了拓天大模型，并率先在金融、传媒等领域推出行业大模型。未来，拓尔思还将推出聚焦网络舆情、法律、审计等方面的行业大模型。

此外，一些在细分领域具有优势的厂商也积极研发大模型，其中的代表有恒生电子、幂律智能等。值得注意的是，垂直行业厂商往往会与科技企业合作研发大模型，借助通用大模型打造垂直领域的专有模型。

以幂律智能为例，2023年6月，幂律智能携手北京智谱华章科技有限公司（以下简称智谱AI）推出法律行业垂直大模型PowerLawGLM。该模型聚焦法律细分领域，可实现法律语言理解并输出科学的法律解决方案。

自成立以来，幂律智能聚焦"法律+AI"领域，基于法律AI能力向客户提供智能合同产品。而对于智谱AI而言，在法律领域布局是其大模型布局的重要内容。双方因此达成合作，共同探索大模型在法律行业的落地方法。

在经过学习大量专业法律文本数据、与法律对话场景对齐、设计优化方案以保证输出结果的准确性和可靠性三大步骤后，PowerLawGLM对法律专业文本的理解、推理与生成能力大幅提高。

从大模型类别上看，自然语言处理大模型和多模态大模型是大模型开发的重点，计算机视觉和智能语音等领域的大模型较少。此外，在更多主体参与大模型研发的过程中，大模型开源成为趋势。互联网巨头、科研机构等成为探索开源大模型的主力。

3.1.3 应用层：B端与C端双向拓展

在AIGC应用层，B端与C端都是AIGC应用的重要领域。其中，金融、软件管理等为典型的 B 端应用场景，教育、电商等为典型的 C 端应用场景。在 AIGC 带来的巨大变革中，拥有技术、数据优势的企业更容易获得 AIGC 的赋能，实现更好的发展。

1. B 端：金融

在金融场景中，金融相关大模型加速落地，推动了 AIGC 的应用。2023 年 3 月，财经资讯公司彭博新闻社（简称彭博社）发布了金融行业大语言模型 BloombergGPT。该模型依托彭博社的海量金融数据，构建了规模庞大的数据集，支持金融领域的多种任务。该模型能够帮助彭博社改进市场情绪分析、新闻分类等现有金融业务。同时，该模型还能够通过调用彭博社大量可用数据，更好地为企业客户服务。

2. B 端：软件管理

在软件管理方面，数智化软件与服务提供商用友网络科技股份有限公司（以下简称用友网络）基于 AI 技术打造了生成式智能 ERP（Enterprise Resource Planning，企业资源计划）系统。用友网络在 BIP（Business Innovation Platform，商业创新平台）中建立了数十个场景化 AI 大模型，并推出了数百个基于 AI 大模型的 AIGC 应用。

同时，用友网络积极与百度合作，接入文心一言，并将百度先进的智能对话技术融合到自身 BIP 平台与相关服务中，在财务、人力、智能制造等方面与百度展开深度合作。用友网络旗下的新道科技股份有限公司基于文心一言打造智能教育产品；用友金融数智化云平台基于文心一言打造金融行业的智能化应用。此外，用友网络还将携手百度，基于 AIGC 能力推出场景化的

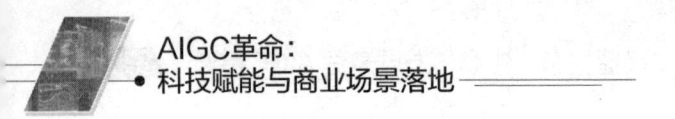

AIGC智能企业服务解决方案。

3. C端：教育

在教育方面，教育企业积极接入AIGC能力，打造新型教育产品。例如，教育企业多邻国推出了基于GPT-4大模型的新产品Duolingo Max。Duolingo Max具有Explain My Answer（解释我的回答）和Roleplay（角色扮演）两个新功能，大幅提升了用户的学习体验。

用户完成一个练习后，点击Explain My Answer按钮，系统就会生成具体的解释，告知用户其答案是否正确以及如何改进。当用户想要练习场景对话时，点击Roleplay按钮，系统就会生成虚拟的对话场景和对话人物，帮助用户进行语言训练。虚拟对话人物可以和用户进行流畅的多轮对话，提升用户的学习体验。

4. C端：电商

在电商场景中，AIGC能够帮助商家智能生成营销内容，赋能客服机器人，为用户提供咨询服务。电商服务平台Shopify在OpenAI开放ChatGPT的API（Application Programming Interface，应用程序编程接口）时接入了ChatGPT，升级了平台服务。

基于ChatGPT的赋能，平台上的客服机器人能够为用户提供咨询服务，节省商家的沟通时间。同时，平台能够根据用户的搜索记录，为用户提供个性化推荐服务，提高用户的购物体验。此外，智能化的商品评论数据分析能够帮助商家分析商品评论，为商家进行商品优化提供建议。

在应用层，AIGC应用呈现向B端、C端拓展的趋势。当前，AIGC已经在金融、教育等场景实现应用。未来，随着 AIGC 的发展，其将在更多细分场景落地，覆盖更多的 B 端与 C 端场景。

3.2 企业布局，AIGC 产业日趋火热

当前，众多企业纷纷加快了在 AIGC 领域的布局。其中，谷歌、微软、百度、华为等科技巨头是布局 AIGC 的主要力量。这些企业的布局推动着 AIGC 产业火热发展。

3.2.1 谷歌：推出 Gemini 大模型，升级模型性能

谷歌在 AIGC 领域布局已久，积极推进大模型的研发。2023 年 12 月，谷歌发布了通用大模型 Gemini，展示了在 AIGC 领域的最新成果。

Gemini 是基于 Transformer decoder 构建的多模态模型，能够理解文字、图片、音频等多模态内容，并生成文本、代码等多模态内容。Gemini 在代码生成方面具有很大的优势，它可以理解并生成 Python、Java 等各种编程语言的代码。基于 Gemini 模型，谷歌推出了专业的代码模型 AlphaCode 2，辅助用户进行代码开发。

此外，Gemini 具备强大的推理能力，能够理解复杂的文本信息、视觉信息等。例如，其可以从海量文档中提取出有价值的见解、从繁杂的报告中提取出关键内容等。

Gemini 有 Ultra、Pro、Nano 三个版本。其中，Gemini Ultra 面向企业级应

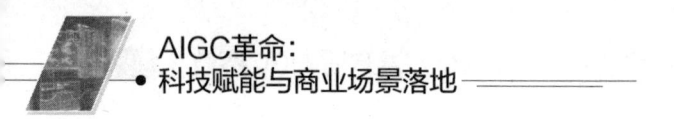

用,能够完成复杂的推理任务;Gemini Pro 具有强大性能,适合扩展各种任务;Gemini Nano 聚焦设备上的任务,可以在安卓设备上运行。

在应用方面,谷歌把 Gemini 整合到旗下 AI 机器人 Bard 中,并推进 Gemini 在不同国家的应用。

值得注意的是,在发布 Gemini 的同时,谷歌还推出了新的云端 AI 芯片 TPU v5p。该芯片极大地提升了数据传输速度与芯片性能,能够以其强大的计算能力为大模型的训练和推理提速。未来,在强大芯片的支持下,Gemini 有望实现持续迭代,不断提升模型性能。

3.2.2 微软:基于大模型升级 AIGC 产品

微软在 AIGC 领域进行了深入布局。作为 OpenAI 的主要投资者,微软基于 OpenAI 的大模型能力,打造了多样化的 AIGC 产品。

在办公方面,2023 年 3 月,微软发布了接入 GPT-4 的 Microsoft 365 Copilot,实现了 AIGC 与办公应用的结合。Copilot 将 GPT-4 的 AIGC 能力集成到 Microsoft 365 办公套件中,能够实现内容自动生成,同时打通了 Microsoft 365 中各应用的数据连接,提高了各应用的协作性。

Copilot 就像一个 AI 助理,能够帮助用户完成各种任务。例如,Copilot 嵌入 Word、Excel、PowerPoint 等 Microsoft 365 应用中,能够根据用户需求生成内容、对信息进行整合分析等,辅助用户进行工作。同时,用户还能够直接向 Copilot 提问,Copilot 能够根据用户的问题给出相应的回复。例如,当用户向 Copilot 询问早会的具体内容时,Copilot 会根据早会的沟通记录、电子邮件等生成相应的回复。

在网络安全方面，微软发布了接入 GPT-4 的网络安全产品 Microsoft Security Copilot。Microsoft Security Copilot 融合了微软在安全领域积累的丰富专业知识和全球网络威胁情报，不断学习安全技能，强化自身防御能力以及提供定制化解决方案的能力。此外，Microsoft Security Copilot 能够与当前的安全解决方案集成，与其他产品或系统进行协作。

在功能方面，Microsoft Security Copilot 能够实时分析网络威胁，并生成解决方案。以勒索软件为例，以往分析勒索软件事件、给出解决方案需要花费大量时间，而 Microsoft Security Copilot 能够在短时间内获取重要信息并进行分析，展示安全事件过程，并给出相应的解决方案。这大幅提升了解决网络安全事件的效率。

未来，随着微软对 AIGC 相关技术的投资、引入与研发，其将推动 AIGC 在更多领域的应用，推出更多业内领先的 AIGC 产品。

3.2.3 百度：深化完善文心大模型

百度在 AIGC 领域早有布局，其在 2019 年就发布了预训练模型——文心，并持续对其进行迭代。2023 年 10 月，百度正式发布文心大模型 4.0，并持续推进大模型的应用。

文心大模型具有两大优势。一方面，文心大模型具备丰富的基础知识。百度将拥有数千亿条知识的多源异构知识图谱用于训练文心大模型，文心大模型基于海量的数据及大规模知识进行学习。在强大语料库的支持下，文心大模型具备深厚的知识积淀。

另一方面，文心大模型可实现多场景、多行业应用。当前，文心大模型已在百度搜索、百度地图、智能驾驶等场景中实现应用，服务数亿名用户。在行业落地方面，文心大模型携手百度智能云，实现了在金融、制造、传媒等行业的应用。

经过不断的探索和实践，文心大模型构建了"基础+任务+行业"的模型体系。其中，基础大模型聚焦提升通用性、破解技术挑战等方面；任务大模型理解任务特性、构建算法、训练数据，形成符合任务需求的模型能力；行业大模型融合行业数据和知识特性，构建适配行业的技术底座。任务大模型和行业大模型的构建离不开基础大模型的支持，同时，二者的应用实践和数据能够促进基础大模型优化。

百度基于文心大模型推出了数十个大模型，不断完善"基础+任务+行业"的模型体系，如图3-1所示。

图3-1 百度的模型体系

1. 基础大模型

基础大模型包括自然语言处理大模型、计算机视觉大模型、跨模态大模型。

（1）自然语言处理大模型。百度发布了文心系列自然语言处理大模型。例如，文心4.0具备强大的理解、生成、逻辑推理和记忆能力，在处理复杂任务方面表现出色。

（2）计算机视觉大模型。百度发布了 VIMER 系列计算机视觉大模型。其中，基于新的预训练框架，VIMER-CAE 提高了预训练模型的图像表征能力，在各类图像生成任务中都有出色的表现。

（3）跨模态大模型。跨模态大模型包括文生图大模型、视觉-语言大模型等。其中，ERNIE-ViLG 2.0 文生图大模型是一个出色的 AI 绘画模型，在图像清晰度、传统文化理解等方面有显著优势。

2. 任务大模型

文心大模型面向典型任务推出了对话大模型、搜索大模型、信息抽取大模型、代码生成大模型、生物计算大模型等。其中，代码生成大模型 RENIE-Code 基于海量文本数据和代码进行训练，具备跨自然语言和编程语言的理解能力和生成能力，能够完成代码翻译、代码提取等任务。

3. 行业大模型

在行业大模型方面，百度携手诸多行业头部企业共建行业大模型。百度在金融、制造、传媒等领域，与浦发银行、吉利汽车、人民网等行业代表企业均有合作，积极进行行业大模型探索。行业大模型作为重要的支撑底座，可以帮助行业实现技术突破、产品创新、流程优化，助力行业降本增效。

例如，百度与人民网携手打造的自然语言处理大模型基于海量传媒数据训练而成，可以提升传媒领域自然语言处理任务的完成效率，在内容审核、舆情分析、生成新闻摘要等方面有良好的表现。

此外，为了打造更加适配场景需求的基础大模型、任务大模型和行业大

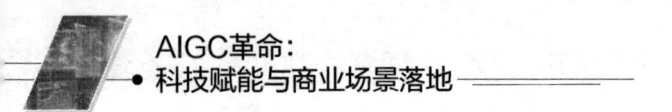

模型，文心大模型打通了大模型落地的关键路径，在工具平台、产品、社区等方面进行布局，为大模型落地提供支持，打造开放程度更高的大模型应用生态。

3.2.4 华为：构建 AIGC 媒体基础设施，赋能内容生产

随着互联网、企业数字化的发展，音视频媒体内容成为各行各业的普遍需求，在企业营销、培训、日常沟通等场景中得到广泛的应用。而 AIGC 的兴起，加速了媒体内容的生产，成为加速企业数字化、智能化发展的新动力。在这方面，华为积极布局，构建 AIGC 媒体基础设施，为媒体内容生产助力。

2023 年 9 月，以"加速行业智能化"为主题的"华为全联接大会"成功举办。在与这次大会同期举办的"共建 AIGC 媒体基础设施，共创数字原生新视界"专题论坛上，华为云与众多客户、行业伙伴共同探讨 AIGC 媒体基础设施的建设与应用。

华为云一直在思考，在 AIGC 时代，应如何帮助行业打造新的媒体基础设施，实现内容生成智能化。在这方面，华为云提出了两个设想。

首先，华为云基于一站式内容生产 Studio，实现内容从素材、剪辑到合成、渲染的全流程云上生产。同时，华为云基于 MetaEngine 渲染引擎和 AI 渲染极大地提升了渲染速度，为企业营销、家居设计、汽车制造等行业提供更高效的内容制作方案。

其次，华为云通过 AIGC 生成视频、虚拟数字人等，驱动内容制作行业变革。AIGC 能够生成各种虚拟空间、动作自然的虚拟数字人，能够应用在企业

培训、工厂生产、企业营销等场景中，为企业运营提供助力。当前，华为云已经基于 AIGC 技术打造了虚拟数字人，并积极推动虚拟数字人技术应用到直播、电商、企业营销等场景中，助力企业营销与产品销售。

未来，华为云将基于一站式内容生产 Studio、MetaEngine 渲染引擎、虚拟数字人打造等一系列 AIGC 服务，继续与行业伙伴、企业客户等共建 AIGC 时代的媒体基础设施。

3.3 产业趋势：产业生态走向活跃与开放

当前，AIGC 产业发展速度加快，新的项目不断涌现。其中一些项目备受资本青睐，投资事件频发。此外，从技术方面来看，大模型开源成为趋势，降低了 AIGC 的落地门槛，进一步推动 AIGC 产业繁荣发展。

3.3.1 资本活跃：AIGC 产业投融资事件频发

随着 AIGC 的火热发展，AIGC 产业吸引了大量资本的流入，AIGC 相关企业前景广阔。在 AIGC 领域，不论是巨头企业，还是初创企业，都受到了资本的青睐。

AIGC 领域的明星企业 OpenAI 在 2023 年 4 月完成了 103 亿美元的融资。本次融资分为两个部分：一部分是由微软主导的战略投资，金额约为 100 亿

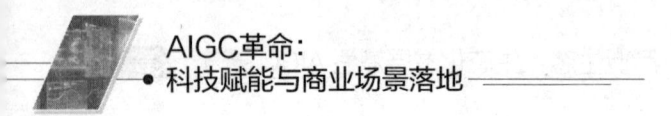

美元；另一部分是由老虎全球管理基金、红杉资本等机构参与的财务投资，金额超过 3 亿美元。此次融资后，OpenAI 估值猛增，突破了 270 亿美元。

很多 AI 初创企业也顺利完成了融资，获得快速发展所需资金。AI 初创公司 Inflection AI 在 2023 年 6 月完成一笔 13 亿美元的融资；AI 初创公司 Typeface 于 2023 年 2 月和 6 月连获两笔融资，分别为 6 500 万美元和 1 亿美元；AI 创业公司北京光年之外科技有限公司（2023 年已被美国收购）获得来自腾讯资本等投资机构的约 16.6 亿元的资金；多模态大模型产品开发商生数科技获得了来自百度、蚂蚁集团等企业的近亿元资金。

在 AIGC 投资热潮中，国内外科技巨头是重要的参与者。国内方面，腾讯投资了北京深言科技有限责任公司、MiniMax 等企业；百度投资了西湖心辰（杭州）科技有限公司、北京生数科技有限公司（以下简称"生数科技"）等企业；阿里巴巴旗下的蚂蚁集团投资了生数科技、北京月之暗面科技有限公司等企业。国外方面，微软投资了 OpenAI、Inflection AI 等企业；谷歌投资了 Versed、Runway 等生成式 AI 企业；英伟达投资了 Inflection AI、Runway 等生成式 AI 企业。

总之，当前，AIGC 成为各科技巨头重点押宝的领域。在资本的狂欢下，很多 AIGC 企业获得了投资，同时投资金额不断上涨，单笔过亿元的投资不在少数。这将持续推动 AIGC 产业的发展，促进产业繁荣。

3.3.2　技术迭代：大模型开源，降低 AIGC 落地门槛

自从 Meta 宣布开源大模型 LIama 2，实现免费商用后，不少企业都纷纷加入大模型开源浪潮中，推出了开源大模型。大模型开源使得更多企业能够

产业生态：生态化发展激活 AIGC 赛道 第3章

基于大模型优化自身产品，打造 AIGC 产品，有效降低了 AIGC 的落地门槛。

具体而言，大模型开源具有以下三大优势，如图 3-2 所示。

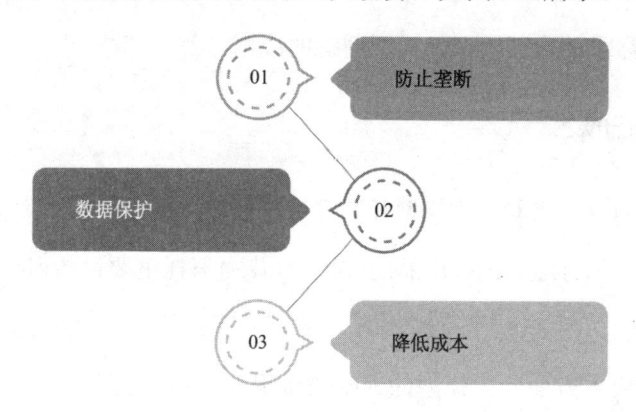

图 3-2 大模型开源的三大优势

1. 防止垄断

从 AIGC 产业发展的角度来看，大模型开源可以防止大型企业垄断大模型技术，以开源、协作的方式促进 AIGC 产业更好地发展。

大模型开发对数据收集、算力支持、资金投入等方面有很高的要求，这意味着只有资金充足、在数据和技术方面有优势的企业才能研发大模型，这容易引发大型企业垄断大模型技术这一问题。而大模型开源可以让各行各业的企业参与大模型研发，携手推动大模型乃至整个 AIGC 产业的发展。同时，开源的方式能够减少重复性工作，让各大企业能够集中精力探索大模型的研发和应用。

2. 数据保护

从数据保护的角度来看，大模型开源可以保护企业隐私数据，使定制化数据训练成为可能。对于很多企业而言，数据是其主要的竞争壁垒。大模型

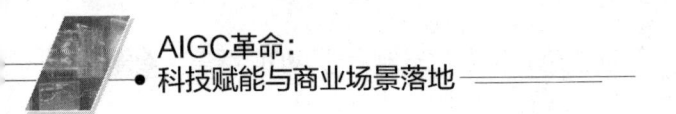

开源使企业可以在掌握数据所有权、实现数据保护的基础上，将自己的隐私数据用于大模型训练。在进行定制化数据训练时，开源大模型可以过滤掉无法满足训练需求的数据，降低模型训练的成本。

3. 降低成本

从算力的角度来看，大模型开源可以降低算力成本，推动大模型的普及。在研发大模型和打造 AIGC 产品的过程中，算力消耗主要包括训练成本消耗和推理成本消耗。

在训练成本方面，大模型的训练成本很高，很多企业难以承受，而开源大模型节省了企业在大模型预训练方面的成本支出。在推理成本方面，大模型的参数体量越大，推理成本越高，而借助开源大模型打造聚焦细分任务的垂直大模型，可以减小参数体量，减少企业使用大模型时的推理成本。这有助于企业凭借开源大模型，低成本打造 AIGC 产品。

当前，大模型开源已经成为趋势，不少企业都在进行大模型开源的探索。其中，AI 公司 Stability AI 是大模型开源领域的先锋。2022 年 8 月，Stability AI 推出了开源的 AI 绘画模型 Stable Diffusion，支持用户生成不同风格的绘画作品。

2023 年 4 月，Stability AI 推出了全新的开源 AI 绘画模型 DeepFloyd IF。相较于 Stable Diffusion，DeepFloyd IF 模型的优势更加明显。首先，它可以精准绘制文字，给招牌中的文字设计合适的风格、排版等；其次，它可以理解空间关系，根据文字描述中的方位、距离等信息生成有逻辑、合理的场景。此外，基于进一步的细节调整，它还可以对现有图像进行修改。

以上开源 AI 绘画模型的推出，为用户体验 AIGC 功能，尝试进行 AIGC

创作提供了途径，推动了 AIGC 的落地。

3.3.3 AIGC 开放：xAI 开源大模型 Grok

在 AIGC 产业发展过程中，开放是一种重要的趋势。谷歌、Meta 等企业都开源了旗下大模型，以推进 AIGC 产业实现开放式发展。2024 年 3 月，埃隆·马斯克旗下的人工智能初创公司 xAI 正式推出开源大模型 Grok。

Grok 是一个有着 3 140 亿个参数的 MoE（Mixture-of-Experts，混合专家）模型，没有针对任何特定应用进行微调，能够适应丰富的应用场景。自从 xAI 在开源社区 GitHub 上发布 Grok 的开放版本后，Grok 获得了许多用户的收藏与使用。

开源 Grok 的背后，体现了埃隆·马斯克对 AIGC 技术普及与创新的坚持。大模型开源能够促进全球范围内的技术共享，促进 AIGC 技术迭代与创新。Grok 开源后，全球的研究人员、企业等都能够自由访问、使用、调整这一模型。这能够促进 AIGC 技术的研究及其在教育、医疗等更多领域的应用。同时，xAI 还提供了 Grok 的模型规格、使用指南、运行模型的示例代码等，这降低了 Grok 的使用门槛，让更多人能够参与到大模型的探索中来。

Grok 提供了一个强大的平台，帮助 AIGC 技术的研究者解锁新的研究路径，创造新的 AIGC 产品。这种开放的姿态打破了以往的技术壁垒，为 AIGC 产业实现开放式发展提供了助力。未来，随着 Grok 的不断迭代与广泛使用，其将成为推动 AIGC 技术发展的重要力量。

第 4 章

商业模式：MaaS 模式构建 AIGC 商业闭环

随着 AIGC 领域的热度持续攀升，众多企业纷纷涌入这片蓝海。然而，商业的本质在于盈利与持续发展。因此，对于 AIGC 相关企业而言，打造完整的商业闭环和稳定的盈利模式，是其实现长远发展的关键所在。在这方面，MaaS 模式以其独特的盈利逻辑，为 AIGC 企业提供了可行的解决方案，受到了业界的广泛认可与追捧。

许多企业凭借自身的技术优势，针对不同领域推出了各具特色的 MaaS 服务，不仅为用户提供了更加便捷、高效的服务体验，也为 AIGC 领域的长久、稳定发展注入了强劲动力。

4.1 拆解 MaaS 模式

要深入理解并应用 MaaS 模式，我们首先需要对其本质和基本架构进行详尽的剖析。本节将围绕这一主题，对 MaaS 模式的基础内容进行详细讲解，帮助读者更好地掌握这一商业模式的精髓。

4.1.1 MaaS 模式：模型即服务的商业模式

MaaS（Model as a Service，模型即服务）模式指的是模型即服务的商业模式，对于科技企业而言是一种切实可行的营收模式。科技巨头可以凭借自身技术优势打造大模型，并提供收费的大模型服务。而基于大模型服务，细分领域的企业可以训练自身专属模型，在产品中接入 AIGC 能力。

MaaS 模式能够为细分领域的企业提供模型训练、模型使用、AIGC 产品开发等方面的支持，而提供大模型服务的科技企业则可以通过提供有偿服务打造 AIGC 商业闭环。

不同行业的业务不同、技术不同、规则不同，因此不同行业使用的大模型也存在差异。如果科技巨头可以对外提供基于行业的大模型，那么大模型本身就可以作为一项服务。在 MaaS 模式下，用户可以基于大模型进行模型的调用、开发与部署，无须从零开始研发大模型。

例如，某科技巨头推出了一款通用大模型，基于庞大的参数、对海量数据的训练，大模型具备强大的通用能力，能够完成多种任务。而想要在细分

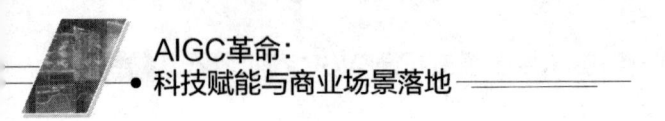

领域落地，大模型需要进一步微调，基于细分领域的数据进行训练，以具备满足细分领域发展需要的功能。

科技巨头可以基于自身在某一领域的优势，基于通用大模型打造聚焦细分领域的垂直大模型，并开放应用接口。同时，细分领域的企业可以作为开发者，基于科技巨头的大模型训练专属大模型，打造个性化的 AIGC 产品，再将 AIGC 产品开放给用户。

这样一来，科技巨头可以开放大模型 API，收取细分领域的企业接入模型的费用。而对于细分领域的企业来说，其可以以更低的成本使用大模型，并通过微调将大模型打造成更能满足自身需求的应用。基于 MaaS 模式，无论是实力强劲的科技巨头，还是想要布局大模型的新玩家，都可以从中获益。

4.1.2 基本架构：以"模型+应用"提供服务

MaaS 模式的落地应用，离不开"模型+应用"这一基本架构的支持。其中，模型是 MaaS 模式的底座，为 MaaS 模式提供基础的生成、推理、交互等能力；应用是 MaaS 模式在各领域落地的关键，聚焦特定场景提供个性化服务。

具体而言，这一架构中的模型包括具备广泛通用能力的通用大模型和聚焦特定行业的行业大模型。而在研发应用之前，通常需要进行行业数据训练与模型微调，在通用大模型的基础上打造行业大模型，再进一步打造相关 AIGC 应用。

例如，基于通用大模型的行业数据训练与模型微调，能够打造出金融行业大模型、医疗行业大模型等。而基于金融行业大模型可以打造出市场情绪分析、智能投顾等方面的 AIGC 应用；基于医疗大模型可以打造辅助诊疗、药物研发等方面的 AIGC 应用。

从应用方面来看，垂直领域应用成为 MaaS 模式落地的主战场。当前，已经有一批基于大模型的 AIGC 应用在零售、制造、教育、办公等场景中落地。同时，越来越多的行业、企业开始整合大模型能力，创新 AIGC 应用，展现 MaaS 模式的更大价值。

例如，MaaS 模式是拓世科技集团（以下简称"拓世科技"）一直践行的 AIGC 落地方式。在模型方面，拓世科技推出了拓世大模型，为 AIGC 应用的落地提供技术底座。基于拓世大模型，拓世科技在数字人、直播等方面进行积极探索，推出了相应的 AIGC 应用。

在数字人方面，拓世科技推出了拓世 AI 数字人。该 AI 数字人能够根据不同场景定制语音信息，为用户提供个性化的交流体验，可以用于政务、银行等场景中。在直播方面，拓世科技打造了直播运营管理平台，帮助用户搭建直播电商矩阵，给用户带来更多收入。

基于"模型+应用"的基本架构，MaaS 服务成为 AIGC 普及的重要驱动力。其挖掘了 AIGC 的潜力，简化了 AIGC 落地部署的过程，重新定义了 AIGC 的商业价值。

4.2 三大盈利路径

MaaS 模式具有三大盈利路径，分别是通过订阅收费、通过提供 AIGC 相关智能服务获得收入、以定制化开发服务获得收益。当前，这三大盈利路径都已经被打通，值得企业尝试。

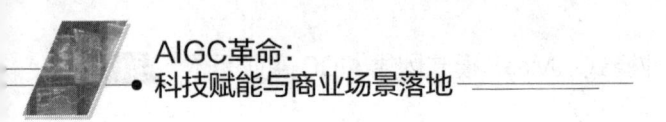

4.2.1 通过订阅收费

MaaS 模式的盈利路径之一是通过提供订阅服务收取费用。ChatGPT 就是通过这种路径实现盈利的代表。

ChatGPT 分为免费版和付费版。OpenAI 最早推出的免费版 ChatGPT 被称为研究预览版（Research Preview Launch）。该版本推出一周后，便收获了近百万粉丝。截至 2023 年 1 月，其活跃人数达到 1 亿人次，增长速度极快。但高速增长引发了许多问题，例如，大量用户涌入导致 ChatGPT 服务器崩溃。为了避免这种情况，OpenAI 采取了许多限流手段，包括禁止来自云服务器的访问、限制每小时的提问数量、在高峰时段用户需要排队等。

ChatGPT 免费版面临诸多问题，对此，OpenAI 实行订阅制收费，推出了付费版 ChatGPT。订阅付费版 ChatGPT 被称为 ChatGPT Plus，收费标准是每个月 20 美元。ChatGPT Plus 付费用户可以享受三项增值服务，分别是高峰时段免排队、快速响应和新功能优先试用。在访问高峰期，用户可能需要排队几个小时，因此，付费用户能够在高峰期访问 ChatGPT 这一增值服务极具吸引力。

OpenAI 还推出内测付费版 ChatGPT Pro，每个月的服务费为 42 美元，增值服务是全天可用、快速响应和优先使用新功能。

除了 OpenAI 外，其他企业也在尝试通过提供订阅服务收取费用。例如，Jasper AI 是一家人工智能企业，其推出了 AI 写作助手 Jasper。Jasper 的底层模型是 GPT-3，能够进行文本生成。Jasper 能够为用户提供写作模板，完成广告文案创作、邮件写作、社交媒体推文撰写等任务，满足用户在不同场景下的需求。为了更好地服务用户，Jasper 推出了多档订阅服务。订阅服务的收费标准主要有三种，最低每个月 29 美元。

未来，随着 AIGC 产品的进一步发展，产品订阅费用将会逐步降低，吸引更多用户使用产品。通过提供订阅服务收费有着广阔的市场发展空间，企业应抓住这一发展机遇。

4.2.2 通过提供 AIGC 相关智能服务获得收入

除了以订阅模式获得收益外，企业也可以通过提供 AIGC 相关智能服务获得收入。在这方面，微软已经做出了尝试。

2023 年 2 月，微软推出了一项名为 Microsoft Teams Premium 的收费服务。Microsoft Teams Premium 主要用于视频会议、远程操作等场景。这项收费服务于 2023 年 2 月上线，其 6 月前的价格为 7 美元/月，7 月后则增长至 10 美元/月。

该项收费服务由 OpenAI GPT-3.5 提供支持，具有智能回顾这一重要功能。智能回顾具有自动生成会议记录、标记重点信息等功能，能够为错过会议或者需要回顾会议的用户提供帮助。

智能回顾功能能够显示参与会议的每位用户的名字、被提及的时间、进入会议和离开会议的时间等。智能回顾功能还能够标记演讲者的演讲开始时间和结束时间，便于与会者在会后回顾会议内容，了解会议重点。

同时，微软旗下的客户关系管理软件 Viva Sales 接入 OpenAI 的 GPT 3.5 模型，帮助销售人员减轻工作负担。基于 GPT 3.5，Viva Sales 可以自动回复用户的问题。例如，销售人员可以根据用户的问题选择提供折扣、回答问题

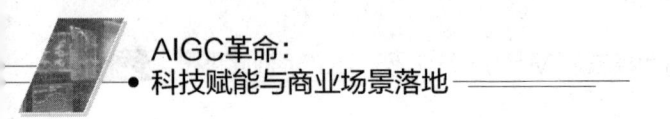

等选项，Viva Sales 会自动生成回复内容。Viva Sales 还会对用户的历史数据进行分析，生成个性化的文本与营销邮件，助力销售人员实现业绩增长。Viva Sales 的收费标准为 40 美元/月，为微软带来可观的收入。

未来，微软将持续探索 Maas 模式，为用户提供更加优质的服务，以谋求更好的发展。

4.2.3　以定制化开发服务获得收益

通过提供定制化开发服务，企业也可以获得收益。在推出 ChatGPT 后，为企业提供定制化开发服务成为 OpenAI 的主要收入来源之一。

例如，DALL·E 是 OpenAI 推出的一个图像生成模型，能够对图像进行编辑和创建。如果企业对图像生成有需求，可以将该模型应用于自身产品中。初创公司 Mixtiles 就积极与 OpenAI 合作，在自身产品中融入 DALL·E 模型，帮助用户完成内容创作。

此外，零售平台 Cala 也搭载了 DALL·E 模型。Cala 为有想法的用户提供零售平台，用户可以在该平台宣传自己的品牌。同时，Cala 提供一站式服务，包括产品的构思、设计、销售等。在融入 DALL·E 模型后，Cala 平台用户可以使用搭载 DALL·E 模型的工具上传文本描述或参考图像，获得符合自身需求的设计图。

与 Mixtiles 相比，Cala 对模型应用的商业化程度更高，对细节的要求也更高。虽然二者都使用 DALL·E 模型，但收费存在较大差异。总之，即便是同一个大模型，面对不同的客户需求，提供不同的服务，收费也不同。客户的要求越高，大模型的收费标准则越高。

4.3 B端应用：聚焦为企业用户提供服务

瞄向B端，企业可以为不同领域的企业用户提供个性化的MaaS服务，或开放API接口，支持企业用户打造专属的AIGC应用。

4.3.1 聚焦为行业提供行业服务

从B端应用方面来看，MaaS模式能够在多行业落地，提供多样化的行业服务。MaaS模式的落地将变革行业内容生产方式，加速行业运转。

例如，在营销领域，MaaS应用可以为B端用户提供定制化的营销服务，包括支持B端用户训练自己的专属营销模型、帮助B端用户生成营销广告及营销方案等。

同时，MaaS应用能够赋能企业发展的多个环节，优化企业运作流程。以工业制造企业为例，MaaS应用可以融入工业制造的多个环节中，推动工业制造企业智能化发展。

在开发环节，开发者可以基于大模型生成代码，由大模型完成重复性的代码生成任务。在产品设计环节，设计师可以基于大模型的图像生成能力进行三维可视化设计，提升设计效率。大模型甚至可以直接生成设计方案并说明设计方案的优缺点，为设计师的创新提供灵感。

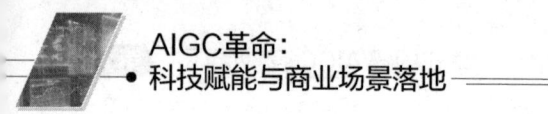

在生产制造环节，大模型能够辅助工人精准设置设备的参数，为工人的生产制造提供精细化的操作指引。在生产线出现故障时，大模型能够快速诊断并提供解决方案。例如，针对多流程工艺环节，大模型可以生成各环节工艺参数并输出报告，为企业决策提供依据。

在运营管理环节，大模型可以理解、分析 ERP、SRM（Supplier Relationship Management，供应商关系管理）等系统中的运营数据。基于此，其可以根据企业需求生成 AI 分析报告。同时，大模型能够与企业各种数据系统融合，实现多维度的数据分析。例如，大模型可以生成 Excel 表格并进行数据分析，帮助管理者了解工厂的运营情况，为管理者的运营决策提供数据依据。

在服务环节，大模型可以提高产品或服务的响应效率，并创造新的服务形式。大模型可以接入智能家居、智能早教机器人等产品中，提升产品的智能性；可以接入智能客服产品中，提升智能客服的业务处理速度和客户服务水平。此外，大模型能够为抖音、微博等平台生成营销内容，并实现与用户的实时互动，助力产品或服务推广。

大模型在知识密集型领域具有巨大的落地潜力，MaaS 模式可以推动大模型在这些领域的落地。通用大模型具备很多领域的基础知识，但在金融、医疗、法律等知识密集型领域，通用大模型往往难以处理复杂的任务。

MaaS 模式为大模型在垂直领域的落地提供了一种有效的方式，使大模型更高效地在各细分领域落地。企业只需要调用大模型接口，使用垂直领域的各种数据进行训练，就能够得到适用于个性化场景的应用。

聚焦垂直领域的大模型得以进一步发展，为领域内的企业赋能。例如，2023 年 5 月，度小满发布了金融行业垂直开源大模型——轩辕。基于在金融领域的多年实践，度小满积累了海量金融数据，打造了一个可以用于模型预训练的数据集。该数据集包括金融研报、股票、银行等方面的专业知识，提升了轩辕在金融领域应用的性能。

轩辕在金融名词解释、金融数据分析、金融问题解析等场景任务中的表现十分突出。其能够对金融名词、概念进行专业、全面的解释，在回答提问时，会给出专业的建议和判断。例如，在分析熊市、牛市对投资人的影响时，轩辕除了会解读熊市、牛市的概念外，还会给出相应的投资建议与趋势分析。

自发布后，轩辕已经吸引了上百家金融机构试用，为这些机构提供大模型支持。金融行业有许多中小机构，其业务规模、科技水平等难以与大型金融机构媲美，而轩辕能够为积极拥抱大模型的中小金融机构提供技术支持，缩小其与大型金融机构的技术差距。

基于 MaaS 模式在 B 端的落地，越来越多的 B 端用户可以借助大模型生成专属模型，将大模型集成到自己的产品中，基于大模型研发新产品，提升自身竞争力，为用户提供更好的产品使用体验。

4.3.2 开放接口，为企业升级产品提供便利

拥有强大的大模型或 AIGC 产品的企业可以开放 API 接口，为其他企业升级产品提供便利。

2023 年 3 月，OpenAI 宣布面向全球开放 ChatGPT API，支持企业将 ChatGPT API 集成到自己的应用程序和服务中。此后，不少企业都将 ChatGPT 接入自身应用中，实现了应用升级。

例如，上海耀乘健康科技有限公司（以下简称"耀乘健康"）旗下的 AuroraPrime 临床研究云平台就实现了与 ChatGPT 的对接，并取得了阶段性成

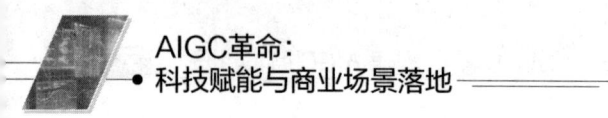

果，如图 4-1 所示。

- 全平台产品可使用 ChatGPT
- 临床研究文档撰写
- 临床试验项目管理
- 临床研究文档管理

图 4-1 AuroraPrime 与 ChatGPT 对接的成果

1. 全平台产品可使用 ChatGPT

AuroraPrime 平台拥有诸多产品，能够满足临床研究领域不同环节的不同需求。此次与 ChatGPT 的对接，成功将 ChatGPT 融入了平台诸多产品的操作界面。用户能够与 ChatGPT 进行智能交互，提升互动体验。同时，耀乘健康对专业内容的引用进行了优化和锁定，提升了 ChatGPT 生成结果的适用性及专业度。

2. 临床研究文档撰写

Prime Create 是 AuroraPrime 平台上的一款针对临床研究文档撰写而开发的 SaaS（Software as a Service，软件即服务）软件。在 ChatGPT 的助力下，该 SaaS 软件拓展了系统内容辅助生成功能，用户能够更加便捷地使用 AI 工具，提升临床研究文档的撰写效率。

3. 临床试验项目管理

Prime Coordinate 是 AuroraPrime 平台上的创新型 CTMS（Clinical Trial Management System，临床研究管理系统）产品，具备高度灵活性和扩展性，

能够适应不同企业在临床试验项目管理上的定制化需求。在 ChatGPT 的助力下，该 CTMS 产品拥有了更加智能的功能，如自动监查小结、智能计划提醒等，同时可以基于实际结果生成相关文档。

4. 临床研究文档管理

Prime Catalog 是 AuroraPrime 平台上的企业级文档管理系统，能够满足用户企业级文档、项目级文档等多维度的文档管理需求。在 ChatGPT 的助力下，该系统可结合项目目录结构、文档名等信息，向用户智能推荐文档的归档位置，提升文档管理效率。

除了 OpenAI 外，360、百度等科技巨头纷纷推出大模型产品并开放 API，为各个行业的企业赋能。以 360 公司为例，2023 年 6 月，360 公司宣布将面向企业和开发者开放旗下通用大模型"360 智脑"API，为行业提供大模型解决方案。这些解决方案将率先在传媒、能源等行业落地，为企业级用户的办公写作、决策分析、客户服务等赋能。

总之，开放 API 可以帮助企业将大模型的各项能力集成到自己的产品中，提升产品的性能，促进产品迭代与新产品研发。未来，MaaS 模式将在 B 端广泛落地，赋能更多行业和企业。

4.4 C 端应用：聚焦为个人用户提供服务

在 C 端应用方面，企业可以以 MaaS 模式提供各种面向个人用户的服务，

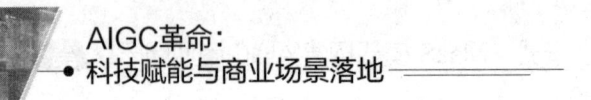

以此获得收益。企业需要关注 MaaS 模式在 C 端落地的核心场景，探索 AIGC 服务与智能设备的连接，打通盈利路径。

4.4.1 关注效率、体验与价值创造

从 C 端应用方面来看，MaaS 模式在 C 端的落地能够为用户提供多样的 AIGC 服务，给用户的工作和生活带来更多便利。MaaS 模式在 C 端的落地主要聚焦在以下方面，如图 4-2 所示。

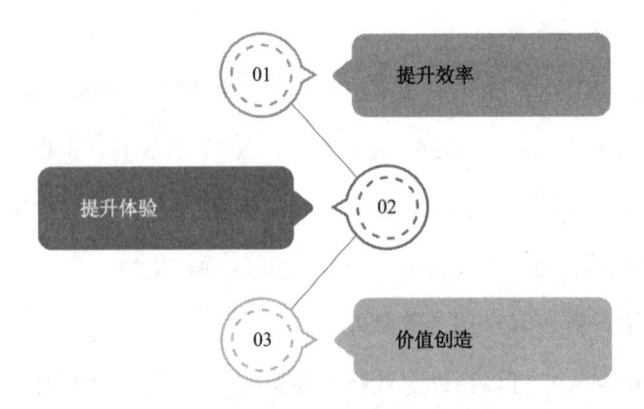

图 4-2 MaaS 模式在 C 端的落地

1. 提升效率

在提升效率方面，MaaS 模式将变革编程工具、文档工具等，提升用户办公效率。例如，CodeGeeX 是一个基于大模型生成的 AI 编程工具，能够完成代码生成、代码翻译、代码补全等任务，支持数十种编程语言，向用户免费开放。用户可以通过网页版、VS Code 插件等多种方式使用 CodeGeeX。CodeGeeX 能够提高用户的编程效率和质量，降低编程门槛。

2. 提升体验

提升体验是 MaaS 模式的发力点之一。在这方面，数字人、游戏等注重用户体验的应用将率先产生变革。

2023 年 6 月，在"360 智脑大模型应用发布会"上，360 公司同时发布了基于大模型的智能应用"AI 数字人广场"。该应用支持用户与其中的 200 多个角色互动，包括"孙悟空""诸葛亮"等著名人物角色。

"AI 数字人广场"中的数字人包括两类：一类是大众熟知的数字名人，另一类是为用户提供各种专业服务的数字助理。数字名人能够根据用户的提问给出相应的回答或建议，而数字助理的回答则更加专业，可以提供专业的法务知识、策划方案等。同时，该应用还支持数字人定制，能够根据用户上传的私人数据为用户生成人设、性格鲜明的专属数字人。

"AI 数字人广场"展示了 MaaS 模式在 C 端落地的一种可行性路径。基于大模型的赋能，数字人有望变得更加智慧，不仅可以完成更加复杂的工作，还将拥有接近人类的思维方式、鲜明的性格特征等，能够以朋友的身份给予用户更贴心的陪伴。

3. 价值创造

在价值创造方面，MaaS 模式在 C 端的落地将推动内容大爆发，提升 C 端消费级应用的服务能力。在大模型的支持下，文本生成、图像生成、视频生成、3D 建模等应用的功能将进一步优化，为用户带来便捷的使用体验。当前，各大开源社区中汇聚了许多面向个人用户开放的 AI 绘画工具、AI 编程工具等，可以辅助用户进行研发设计、发挥创意。

此外，许多应用将在大模型的支持下实现升级。当前，阿里巴巴搭建了

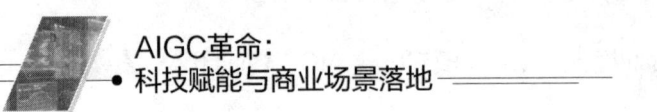

较为完善的 MaaS 体系，包括基础通用大模型、企业专属大模型、API 服务、开源社区等。未来，阿里巴巴所有产品，包括淘宝、闲鱼、高德地图等，都将接入大模型，实现升级，优化用户的使用体验。

MaaS 模式将聚焦以上三个方面向 C 端的更多领域、场景蔓延。随着各企业的大模型研发实践更加深入，基于大模型的 AIGC 产品将在未来密集落地，覆盖人们生活的方方面面。

4.4.2 智能设备成为体验服务的重要载体

在 C 端应用方面，智能设备将成为个人用户体验多样化 AIGC 服务的重要载体。当前，智能设备接入大模型成为趋势，极大地提升了智能设备的智能性，让用户能够通过智能设备体验丰富的 AIGC 功能。

2023 年 4 月，天猫精灵接入阿里巴巴通义千问大模型，开启相关内测招募。根据天猫精灵公布的演示 Demo，接入通义千问后，天猫精灵变得更加智能，在知识丰富性、沟通人性化与个性化方面都得到提升，成长为更具温度、更加个性化的智能助手。

大模型与天猫精灵的结合，展示了大模型在智能设备领域的应用价值。未来，在大模型的支持下，智能设备将进入更多场景中，C 端个性化定制将成为大模型应用的新方向。

个性化大模型更加适用于 C 端场景，例如，在居家场景中，搭载个性化大模型的智能设备被赋予角色设定，包括身份、性格、偏好等。当用户与智能设备沟通时，智能设备可以生成个性化的回复，并通过个性化的语音与用户沟通。

当前，为通用大模型注入个性化因素成为一个重要的探索方向，而智能设备作为个性化大模型的承载主体，将成为新的流量入口。同时，智能设备可以基于大模型实现新生。一直以来，传统智能音箱、扫地机器人等智能设备在智能性方面饱受诟病，而接入大模型则可以使这些智能设备真正实现智能化，满足用户个性化的需求。

在大模型的助力下，更加先进的智能设备，如智能陪护机器人、早教机器人等有望实现技术创新，获得进一步发展。例如，智能陪护机器人可以与用户进行个性化互动，与用户顺畅地沟通。基于此，智能陪护机器人可以精准了解用户需求，为用户提供更加贴心的服务。除了提供多样化服务、安全监护外，凭借大模型智能生成能力，智能陪护机器人还可以拥有多媒体娱乐功能。

总之，个性化大模型能够实现智能设备交互方式、功能等方面的升级，满足用户的个性化需求。未来，个性化大模型有望率先在智能家居领域落地应用。

第 5 章

AIGC+搜索引擎：实现智能生成式搜索

　　AIGC 与搜索引擎的深度融合，引领了智能生成式搜索的新时代。在 AIGC 的推动下，搜索引擎展现出了前所未有的智能水平，不仅能够精准识别用户的搜索意图，还能根据用户的具体问题，智能生成个性化的搜索内容。这一变革不仅彻底改变了传统搜索引擎的运作方式，也为用户带来了更为高效、便捷的搜索体验，推动了搜索引擎行业的进步。

5.1 AIGC 带来的搜索变革

随着 AIGC 与搜索引擎的结合，搜索引擎变得越来越智能，实现了生成式搜索。以往，用户在搜索引擎中输入关键词，搜索引擎便会从知识库中搜索出符合用户需求的内容。而在 AIGC 的赋能下，搜索引擎能够对知识库中的内容进行整合，并智能生成符合用户要求的内容，提升用户的使用体验。

5.1.1 搜索引擎发展，实现生成式搜索

搜索技术诞生之初，主要是通过搜索平台为用户提供各种搜索内容。随着技术的发展，越来越多的企业推出了多样化的搜索平台，提供不同的搜索内容。而随着 AIGC 与搜索引擎的结合，搜索方式实现了迭代。具体而言，搜索引擎的发展主要分为以下三个阶段，如图 5-1 所示。

01 搜索平台出现，满足用户需求

02 众多平台涌现，服务更加优质

03 AIGC 融入搜索引擎，催生生成式搜索

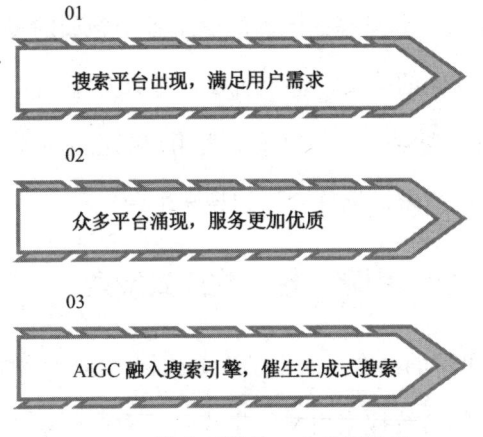

图 5-1 搜索引擎的三个发展阶段

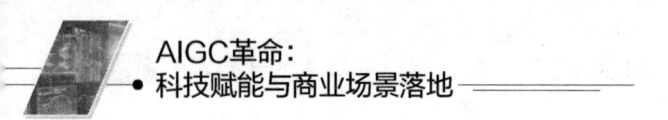

1. 搜索平台出现，满足用户需求

随着互联网兴起，许多用户喜欢在互联网上搜索内容。用户不仅可以在互联网上搜索电脑软件、学术教程，还可以搜索生活常识，这些内容用户都能通过搜索平台找到答案。之后，越来越多的互联网平台专注于为用户提供搜索服务，其中较为出色的有百度搜索引擎、360 搜索引擎等。这些搜索引擎不仅能够为用户提供丰富的搜索内容，还能够识别用户的搜索意图，给出精确的搜索结果。

2. 众多平台涌现，服务更加优质

互联网的高速发展促使用户对搜索结果的要求一再提高，各个搜索平台致力于为用户提供更加专业的搜索服务。

例如，微信搜索将知乎、腾讯视频、京东等产品进行整合，并更名为"搜一搜"，在服务与用户之间搭起了一座桥梁。用户只要在"搜一搜"中输入自己想看的电影、"时间+天气"、汽车品牌等，就可以获得相应的服务，实现搜索即服务。

再如，知乎作为一个问答社区，汇聚了各个领域的爱好者与专家。用户可以在知乎中搜索问题的答案，甚至可以与专家交流。

专业化、个性化搜索平台的出现，为用户提供了更为优质的搜索服务。用户能够根据自己的需求，选择合适的搜索平台。

3. AIGC 融入搜索引擎，催生生成式搜索

AIGC 与搜索引擎的结合，催生了生成式搜索这一新的搜索方式。相较于以检索为主要功能的传统搜索引擎，生成式搜索在检索的基础上还具有生成

的功能。

具体而言，生成式搜索能够实现信息整合与内容生成。针对用户提出的问题，生成式搜索能够整合多方面的信息，整理出结构化的答案，还能够生成结论并展示内容。例如，当用户提问两位历史人物谁的年纪大时，生成式搜索会提供两人的出生信息并给出谁年纪更大的结论。

总之，随着 AIGC 与搜索引擎的结合，生成式搜索成为搜索引擎发展的新方向。未来，生成式搜索将逐渐与更多的搜索平台相结合，推动智能搜索场景的拓展。

5.1.2 提供智能、安全的搜索体验

从搜索结果呈现方式上来看，基于 AIGC 的生成式搜索能够为用户呈现文本、图像、视频等多元化、准确的搜索内容。同时，生成式搜索能够对多样的内容进行整合，减少用户的搜索和浏览量，提高搜索效率。此外，生成式搜索还能够满足用户对隐私保护的需求。

例如，"You.com"是一个基于 AIGC 的生成式搜索引擎，能够为用户提供定制化的搜索服务，同时保证用户隐私数据的安全性。利用 You.com 进行搜索，用户可以获得更加智能化的搜索体验。

You.com 引入了 GPT-4 和图像模型 Stable Diffusion XL，能够为复杂的搜索提供文本、图像、表格等丰富的内容，提高了搜索的准确性。同时，You.com 支持多维界面，且界面可以实现水平和垂直滚动，用户可以快速发现更多信息。

从商业应用方面来看，You.com 面向广泛用户群体提供丰富的应用生态，支持百余个应用的个性化搜索，能够满足用户的多样化搜索需求。同时，其

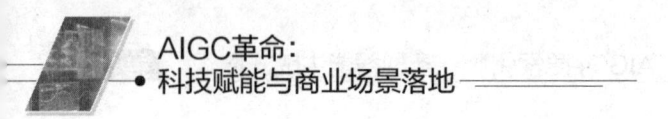

还能够为企业提供定制化的搜索解决方案，在市场中占据了一席之地。

You.com 以用户的利益为重，能够保护用户的隐私。在隐身模式下，用户的 IP 会被隐藏，用户可以放心地使用其进行搜索。

总之，生成式搜索的出现可以为用户提供丰富的内容，并且能保护用户隐私安全，为用户提供更好的搜索体验。

5.2 AIGC 助力下，搜索引擎更新

在 AIGC 技术的推动下，搜索引擎迎来前所未有的更新与升级。目前，微软、谷歌、百度等众多知名企业都深刻洞察到 AIGC 与搜索引擎融合所蕴含的巨大潜力，并纷纷投入大量资源进行积极探索。这一趋势不仅催生了生成式搜索这一新兴搜索方式，还引领着整个搜索行业朝着更加智能、高效的方向发展。

5.2.1 New Bing：基于 GPT-4 的智能引擎

2023 年 2 月，微软发布基于 GPT-4 的智能搜索引擎 New Bing，为用户提供智能化、个性化的搜索体验。2023 年 5 月，微软宣布 New Bing 预览版面向所有用户开放，用户无须进入等待名单。具体而言，New Bing 具有以下创新功能，如图 5-2 所示。

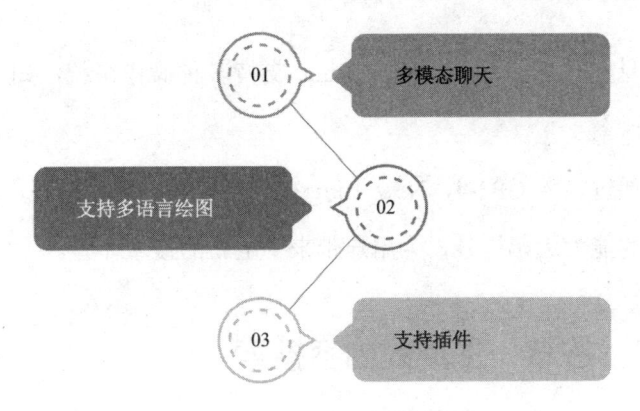

```
           01  ─── 多模态聊天

支持多语言绘图 ─── 02

           03  ─── 支持插件
```

图 5-2　New Bing 的创新功能

1. 多模态聊天

基于 GPT-4，New Bing 能够实现智能化的多模态聊天，能够根据用户的提问回答问题，为用户提供建议和策略。在回答问题时，New Bing 不仅可以输出文本，还可以输出图像、音频、视频等内容，提升了内容的丰富性。

2. 支持多语言绘图

New Bing 的绘图功能支持上百种语言，为全球用户提供便利。同时，基于强大的图像生成能力，New Bing 能够在短时间内生成符合用户要求的精美图片。

3. 支持插件

New Bing 支持各种插件，让任务处理更加高效。当前，New Bing 支持的插件包括 OpenTable、Wolfram Alpha 等。这些插件让 New Bing 的功能进一步拓展，能够进入更多的应用场景。

除了以上功能外，New Bing 还具有诸多优势，如：基于先进的算法，根据用户需求为其提供个性化的搜索体验；保护用户隐私，让用户能够放心地

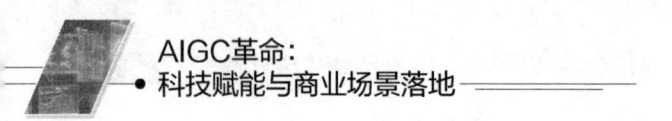

提供个人信息和数据。此外，New Bing 支持多种操作系统，如 Windows、Android、iOS 等。

总之，通过接入 GPT-4，New Bing 在信息搜索、问题解答、提供个性化建议等方面的能力大幅提升，为用户带来了全新的搜索体验。

5.2.2 谷歌：生成式内容搜索

2023 年 6 月，谷歌给旗下 Chrome 浏览器的搜索结果页加入了一项新功能"搜索生成体验"，给传统搜索带来了一定程度的颠覆。

在功能演示中，针对"人们对芝加哥豆（The Chicago Bean，芝加哥标志性建筑）怎么看，值得去看看吗？"这一问题，经过 AI 优化后的搜索结果对芝加哥豆进行描述，同时附有引用的相关旅游攻略文章，以及关于该地标是否值得去的用户评论。

用户在 Chrome 浏览器上搜索"想要购买一个蓝牙音箱"，搜索结果会展示从各种文章中提取的建议，其中包括蓝牙音箱的购买地址。用户可以对比不同产品的价格、用户对产品的评论、购买的考虑因素等，并点击进入相关网站进行购买。

基于"搜索生成体验"功能，搜索引擎能够根据用户输入的内容生成相关的图片。根据用户输入的绘制图片的要求，搜索引擎会生成几张图片。点击图片，用户就能够看到与其相关的关键词，用户可以通过修改关键词来修改图像。

在未来的应用中，该功能除了能够优化用户的搜索体验外，还会对传统广告主流量投放方式、网站 SEO（Search Engine Optimization，搜索引擎优化）

等带来一定的影响。

5.2.3 百度：升级搜索能力，为用户创作答案

作为我国搜索引擎领域的领军企业，百度持续聚焦 AI 技术研发与应用，提升搜索能力，拓展搜索业务边界。在 AIGC 风口下，基于技术优势，百度率先进行了搜索引擎的智能化升级。

基于在深度学习平台和预训练大模型等领域的探索，百度率先提出了"多模搜索"的概念，搜索模态从单模态的文本逐渐拓展到多模态的语音、视频等。

在不断的发展下，智能化搜索为用户带来了独特的体验。用户可以在百度 APP、网页中采取多种方式进行搜索，包括语音搜索、图片搜索、视频搜索等，搜索结果更加丰富多样。

在语音搜索方面，百度使用了多种与语音有关的 AI 技术，使得搜索引擎能"听"会"说"。搜索引擎不仅能够"听懂"用户的语言，还能够深入理解语言的含义，给出最佳搜索答案，与用户之间的交互更加顺畅。

在视觉搜索方面，百度搜索运用了多种视觉技术，能够依托于搜索系统，并结合网络图像、用户行为等方面，识别用户需求，为用户提供相关服务。例如，拍照搜题、商品搜索、实时翻译等，都是百度搜索具有的功能。

在视频搜索方面，用户可以直接上传视频进行搜索。百度使用了大规模的知识图谱，可以实现精准的搜索、定位。百度视频理解、检索等技术不断升级，为用户提供了丰富的搜索体验，拉动了视频消费需求。

百度搜索不仅可以实现视频搜索，还可以生成视频。AI 可以将百家号中

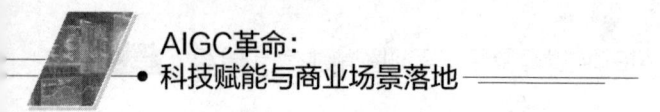

的图文内容转化为视频，这是百度在智能搜索方面最为重要的技术之一。这种技术即生成式搜索，能够借助百度研发的生成式模型的能力，为用户的个性化提问创作答案。

对于用户无法直接获取的知识需求，百度智能搜索可以借助 AI 技术对已有的数据进行梳理、推理、加工与生产，实现知识生成。例如，用户搜索"A 地与 B 地相比，谁的 GDP 更高"，百度可以依据专业数据库中的数据生成精准的答案。

百度在智能搜索、生成式搜索方面的突破离不开跨模态大模型"知一"与新一代索引"千流"的助力。知一基于全网的资料进行持续学习，包括文本、图片和视频等，并将这些资料融合，更能理解用户的搜索需求。千流可以将不同维度的信息整合起来，推动传统索引升级为覆盖多领域、多维度的立体栅格化索引。这两项技术突破使百度搜索变得更加智能，更了解用户的需求，从而在专业领域持续领跑。

百度将推动生成式搜索在更多领域实现深度应用，进一步释放百度搜索的差异化优势，满足用户获得个性化信息的需求。未来，百度搜索将在 AI 技术的支持下进行全面升级，以期更加智能化、更了解用户。

5.2.4 知乎：加强技术探索，提升平台搜索能力

2023 年 4 月，在"2023 知乎发现大会"上，知乎正式发布了"知海图 AI"大模型。该大模型是知乎联合人工智能公司面壁智能共同研发的中文大模型产品。

当前，该大模型已经在知乎上得到了应用，知乎已经启动了"热榜摘要"

功能的内测。该功能能够利用强大的自然语言处理能力对知乎热榜中的回答进行抓取、整理，向用户展示回答梗概。未来，该大模型还将应用于用户创作、信息获取等场景中。

在发布知海图 AI 大模型、启动"热榜摘要"功能内测后，2023 年 5 月，知乎联合面壁智能公布了 AIGC 领域的新研究成果，包括推出 AIGC 应用"搜索聚合"、开源面壁智能研发的大模型 CPM-Bee10b、发布对话类模型产品"面壁露卡"等。

搜索聚合将大模型的能力应用在知乎搜索上。当用户搜索时，系统就开始工作，根据大量提问与回答进行观点聚合，有效提高用户获得信息、做出决策的效率。知乎还计划将大语言模型应用于创作者的创作过程中，使得大语言模型成为创作者的助手，为其创作提供帮助。

CPM-Bee10b 大模型以 Transformer 框架为基础进行训练，参数高达百亿个，具有强大的能力。而对话类模型产品面壁露卡功能丰富，能够实现内容自动生成、语音理解、数据处理等。

未来，知乎将基于 AIGC 方面的技术合作，努力提高大模型基础能力，开发出更多实用的 AIGC 产品，为用户提供更多优质的 AIGC 服务。

5.3 AIGC 变革营销搜索

企业营销、电商运营都离不开营销搜索的支持。在这方面，AIGC 能够大幅提升营销搜索的智能性，帮助企业更精准地投放搜索广告。当前，亚马逊已经在这方面进行了积极探索，以 AIGC 赋能电商搜索。

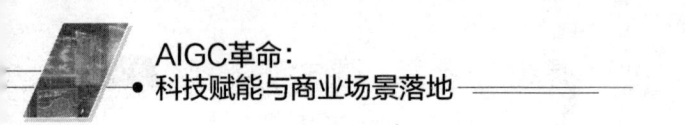

5.3.1　AIGC让搜索广告更加智能

搜索广告是一种常见的网络营销手段。以往，企业进行广告投放，难以评估投放效果，投放结果往往不尽如人意。而AIGC让更精准、更智能的搜索营销成为可能。

搜索广告作为互联网广告的一种，能够帮助企业将广告展示在用户的搜索界面上，从而实现引流的目的。搜索广告具有以下5个优势。

（1）针对性强，能够实现精准的广告投放。例如，某用户正在搜索某个产品或服务，搜索引擎可以根据用户的搜索内容为其推荐相关产品或服务，达到精准推广的效果。

（2）广告成本较低。与传统广告相比，搜索广告的成本相对较低。传统广告的投放渠道很多，包括广播、电视等，而搜索广告的投放渠道相对较少、覆盖面相对狭窄，因此，投放成本较低。

（3）投放效果较为直观。广告主可以通过广告投放平台了解广告投放效果，并根据效果改进广告投放计划。

（4）具有实时性。搜索引擎能够根据当下的热点新闻、搜索热词等了解用户的需求，为用户推送关联度高、实时性强的广告。

（5）具有灵活性。根据广告主营销方向的改变，搜索广告的内容以及投放策略也可以灵活变化。此外，搜索广告的形式多样，有图片、视频等形式。

AIGC与搜索广告的结合，将促使搜索广告发生诸多变化，如图5-3所示。

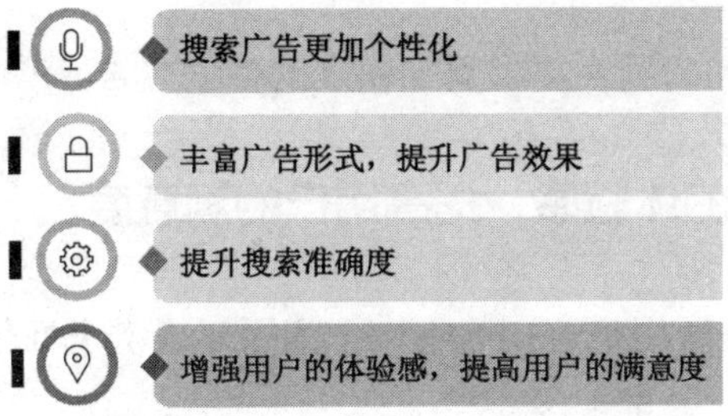

- 搜索广告更加个性化
- 丰富广告形式，提升广告效果
- 提升搜索准确度
- 增强用户的体验感，提高用户的满意度

图 5-3　AIGC 为搜索广告带来的变化

1. 搜索广告更加个性化

传统的搜索广告需要用户输入关键词才能触发相应搜索结果，呈现的搜索结果不够全面，无法满足用户在不同场景下的不同需求。而 AIGC 可以基于文本、图像等多种类型的数据进行深度学习，打造出更加精准、丰富的用户画像，提高搜索广告的准确性。AIGC 还可以根据用户的兴趣、偏好等数据，在不同的场景为用户推送不同的广告，为用户带来个性化的搜索体验。

2. 丰富广告形式，提升广告效果

传统广告投放的内容往往是广告主提供的单一素材，无法满足用户多样化的需求，很难引起用户的兴趣，推广效果不佳。而 AIGC 能够生成多种广告内容，如文本广告、图片广告、视频广告等，广告形式多样化，广告更具趣味性。AIGC 还能够分析用户的各类信息，生成更能引起用户兴趣的内容，提高搜索广告的投放效果。

3. 提升搜索准确度

传统的搜索引擎主要利用关键词进行结果匹配，存在无法准确获知用户的搜索意图、无法识别复杂语言等缺点。而 AIGC 能够根据上下文了解用户意

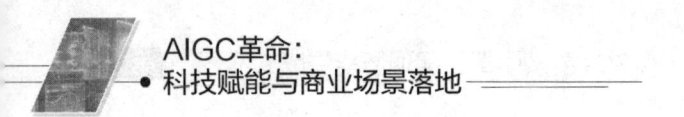

图，全面理解用户的问题，提供更加精准的搜索广告。

4. 增强用户的体验感，提高用户的满意度

AIGC 可以在理解用户意图的基础上为用户提供个性化的内容，增强用户的体验感，提高用户的满意度。

总之，AIGC 的应用能够为搜索广告行业带来巨大变革。AIGC 与搜索广告结合，可以实现个性化推荐，从而提高搜索广告的转化率。

5.3.2 亚马逊：加深 AIGC 探索，提升搜索质量

作为跨境电商领域的领军企业，亚马逊积极进行 AIGC 探索，以 AIGC 赋能电商搜索。具体而言，亚马逊组建了一个名为"M5"的搜索团队，积极进行大模型研发。

M5 搜索团队专注于优化亚马逊的发现式学习策略，并致力于构建多模态大模型，以支持多语言、多实体和多任务。M5 搜索团队的许多工作都是实验性的。为了能够快速开展实验并进入生产阶段，该团队需要同时训练上千个参数超过 2 亿个的模型。

通过与亚马逊云科技合作，M5 搜索团队开发了一些新功能，实现了跨区域计算，解决了所有性能问题，为持续拓展奠定了基础。

为了使用户搜索时的表述更加精准，进一步提高搜索结果的准确度，亚马逊推出了基于智能搜索的大语言模型增强方案。该方案主要有 5 项核心内容，如图 5-4 所示。

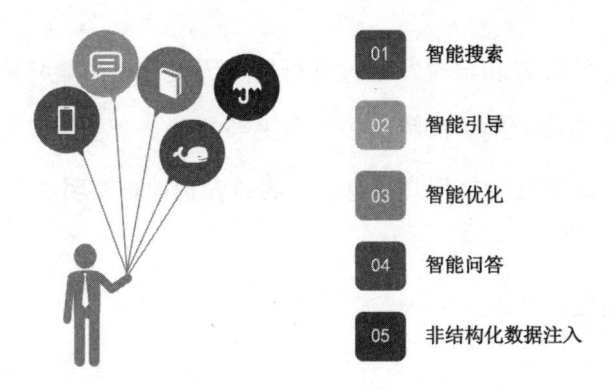

图 5-4　大语言模型增强方案的 5 个核心内容

1. 智能搜索

传统搜索依靠关键词进行问答匹配，虽然能够有效查找答案，但有一定的局限性。例如，传统搜索无法识别同义词，不具备抽象能力，容易将一些无关词汇匹配起来。为了解决这些问题，该方案引入了意图识别模型，能够提取关键词，避免一些无关词汇影响搜索结果的准确性。

2. 智能引导

搜索结果不准确可能出于两个原因：一是搜索引擎的能力不足；二是搜索的问题不够准确与具体。该方案提出了一种引导式搜索机制，能够丰富搜索表述，提升搜索结果的准确性。

3. 智能优化

随着知识库的不断更新，搜索准确度可能会有所下降。一方面，数据库和搜索引擎还没有完全磨合；另一方面，一些过时的信息没有被及时处理。针对这些问题，该方案基于用户行为对搜索引擎进行升级。

这主要有两个步骤：第一步是收集用户历史行为数据；第二步是利用

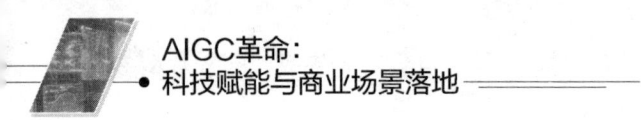

数据对模型进行训练和部署。通过分析用户历史行为，亚马逊可以了解搜索词条与知识库内容的关联程度。亚马逊部署了一个重排模型，该模型能够根据用户的历史行为将用户喜欢的内容排在前面，实现"千人千面"、个性化的搜索。

4. 智能问答

该方案将知识库与大语言模型相结合。用户输入问题，搜索引擎会从知识库中提取相关内容，借助大语言模型对内容进行总结，然后给出答案。

5. 非结构化数据注入

可供搜索引擎进行检索的知识库往往是一种结构化的数据库，但企业的原始数据往往是以非结构化的形式存储的，来源于多个渠道，具有多种形式。为了使这些数据结构化，该方案提供了非结构化数据注入功能，能够将企业的非结构化数据自动拆分并进行向量编码，帮助企业构建结构化数据库，提高搜索效率和搜索结果的准确性。

总之，亚马逊从多个角度对大模型进行研究，并利用大模型赋能电商搜索，不断优化用户的电商购物体验。

第6章

AIGC+社交娱乐：为用户提供新奇体验

当前，在社交娱乐领域，AIGC 呈现出加速落地的趋势。AIGC 融入社交、游戏、音视频等诸多社交娱乐细分领域，打造了多样的社交娱乐玩法，不断更新用户的娱乐体验。这个过程催生了新的发展机遇，社交娱乐领域的头部企业纷纷展开积极探索。

6.1 AIGC 融入社交，更新社交体验

AIGC 为社交注入了新的活力，使得社交内容更加丰富、多元。AIGC 也拓展了社交场景，打破传统社交的局限，更新用户的社交体验。此外，AIGC 与社交应用的深度结合，进一步升级了社交应用的功能，使得社交应用更加符合用户的需求与喜好，为用户带来更加多样、个性化的社交体验。

6.1.1 重塑社交 App，让社交更智能

基于 AIGC 的赋能，社交 App 不断重构升级，交互方式、内容生产等实现了更新。基于此，用户的社交体验不断优化。具体而言，AIGC 能够从以下 5 个方面重塑社交 App，优化用户的社交体验，如图 6-1 所示。

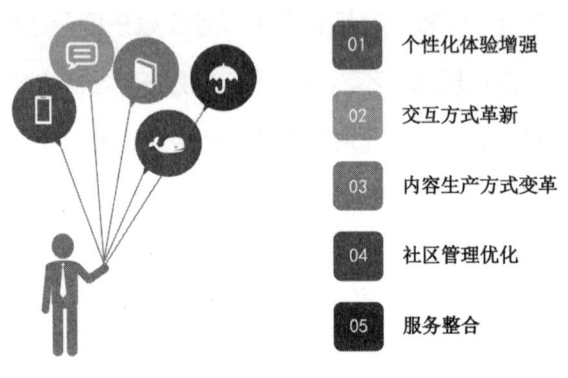

图 6-1　AIGC 重塑社交 APP 的 5 个方面

1. 个性化体验增强

AIGC 能够帮助社交 APP 更准确地理解用户需求，提供个性化的服务。通过分析用户搜索记录、浏览历史等，AIGC 能够判断用户的兴趣和偏好，进而向用户推送其感兴趣的内容。这能够提高用户的使用体验。

2. 交互方式革新

AIGC 能够让社交 APP 的交互方式更加便捷。用户能够通过文字、语音等与社交 APP 进行交互，而社交 APP 能够理解用户意图并做出回应。这降低了用户使用社交 APP 的门槛，用户能够轻松地进行社交互动。同时，基于 AIGC 的自动回复、智能客服等功能，社交 APP 为用户提供的服务更加完善、智能。

3. 内容生产方式变革

AIGC 改变了社交 APP 的内容生产方式。传统社交 APP 主要依靠算法、用户创作等方式产生社交内容。而 AIGC 可以通过自然语言处理、深度学习等技术，自动生成高质量的社交内容。这使社交 APP 能够更准确地把握用户需求，生成受用户喜爱的内容。同时，在用户创作社交内容的过程中，AIGC 能够为用户提供创作工具，提高用户内容创作的效率，更好地帮助用户将创意变为现实。

4. 社区管理优化

AIGC 能够帮助社交 APP 进行社区管理。AIGC 能够通过数据分析识别出社区的热点话题、讨论趋势等，引导用户参与讨论。这能够使用户保持对社区的新鲜感和兴趣，提高用户对社区的黏性。

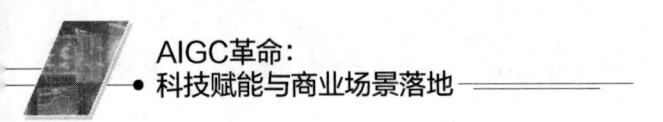

5. 服务整合

AIGC 能够助力社交 APP 与其他服务整合。例如，借助 AIGC 技术，社交 APP 可以智能连接电商、健康、娱乐等服务，实现多样化服务的融合，构建更加完善的生态系统。这不仅为用户带来了更加便捷的使用体验，还使社交 APP 有了更加广阔的发展空间。

总之，AIGC 为社交 APP 带来了多重变革，催生了更多社交新玩法，更新了用户的社交体验。

6.1.2 Soul：推出语言大模型 SoulX，丰富用户体验

2023 年 12 月，社交平台 Soul 推出了自主研发的语言大模型 SoulX。SoulX 具有多模态理解、条件可控生成、上下文理解等能力，能够确保对话流畅、自然、有情感温度。基于 SoulX，Soul 推出了智能对话机器人、虚拟陪伴等新功能，提升了用户的社交体验。可以说，SoulX 是 Soul 布局"AIGC+社交"的重要抓手。

Soul 是一款深受用户喜爱的新型社交平台，通过灵犀推荐系统、支持用户创作的 NAWA 引擎等，为用户提供沉浸式、开放的社交体验。基于此，Soul 获得了许多年轻用户的青睐。

Soul 聚焦以 Z 世代（1995 年至 2009 年间出生的人群）为代表的年轻用户群体的社交需求，持续迭代自身的功能。此外，Soul 还推出了一款智能聊天机器人"AI 苟蛋"。AI 苟蛋具备多模态、时间感知等多方面的能力，能够对图片、文字等进行回复，与用户进行游戏化、个性化互动。对于用户发布的聚餐照片，AI 苟蛋能够凭借时间感知能力、图片识别能力等，"猜到"这是用

户的生日聚餐，主动为用户送上祝福。

未来，Soul 将基于海量社交数据、持续训练迭代 SoulX。而 SoulX 将为 Soul 在"AIGC+社交"道路上的探索提供底层技术支持。除了支持智能对话外，SoulX 将加速平台游戏、数字分身等场景中的体验优化与 AIGC 应用落地。

此外，Soul 将持续围绕年轻用户的社交需求，加大在智能对话、图像生成等方面的投入，不断推出创新的社交互动场景与玩法，为用户带来沉浸式、智能的社交体验。

6.2 AIGC 融入游戏领域，满足用户多元化需求

在游戏领域，AIGC 的融入能够带来多重价值，如助力游戏开发、提升玩家游戏体验等，推动游戏行业的发展。当前，很多游戏公司都加快了布局 AIGC 的脚步，并推出了相应的 AIGC 产品。

6.2.1 AIGC 为游戏行业带来多重价值

AIGC 在自然语言理解、内容生成等方面优势明显，能够助力游戏内容生产，提升玩家游戏体验。具体而言，AIGC 能够为游戏行业带来以下价值，如图 6-2 所示。

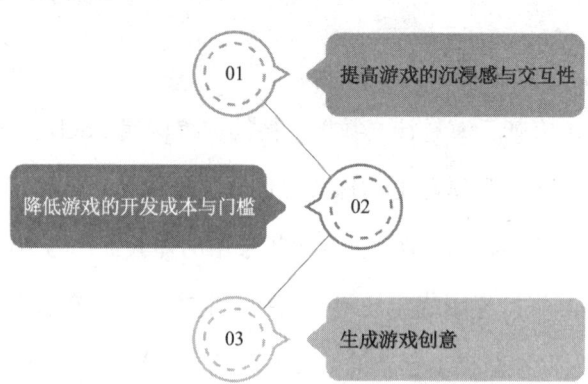

图 6-2　AIGC 为游戏行业带来的价值

1. 提高游戏的沉浸感与交互性

AIGC 能够从多方面优化游戏，提升游戏的沉浸感与交互性。一方面，AIGC 可以生成逼真的虚拟游戏场景，并提升游戏运行的流畅度，给玩家带来更强的沉浸感；另一方面，AIGC 可以实现游戏角色智能生成。

在 AIGC 的支持下，玩家在游戏中的虚拟角色可以模拟人类动作，且动作更加流畅、自然。同时，基于机器学习与智能算法，游戏 NPC（Non-Player Character，非玩家角色）的语言、行动等具备一定的智能性。这些都可以提升玩家在游戏中的沉浸式体验。

2. 降低游戏的开发成本与门槛

游戏开发者可以利用 AIGC 生成文本、音频和图像，缩短游戏开发时间，提升开发效率与质量，降低开发成本。AIGC 还可以输出代码，降低游戏开发门槛，没有经验的用户也可以尝试开发游戏。例如，用户可以使用 ChatGPT 创建、调试和重构游戏脚本。

3. 生成游戏创意

AIGC 可以输出更多游戏创意，打破固有的游戏思维，为游戏开发者提供更多灵感。同时，AIGC 能够生成更多创意玩法，满足用户的多种需求。例如，AI Dungeon 是一款文字冒险游戏，具有极高的自由度。用户可以输入文字构建自己想要的角色与情节，然后利用 AIGC 生成一个完整的游戏，充分释放创造力。

6.2.2　AIGC 助力游戏引擎升级

游戏引擎是游戏开发的重要工具，能够创作游戏场景、图像，还能够设定游戏的规则与交互方式。如果没有游戏引擎，游戏开发者需要手动编写所有游戏代码，其中包括不少重复的代码。而游戏引擎能够将重复的游戏代码模块化，游戏开发者只需要组合模块，就能够完成游戏开发。

AIGC 与游戏引擎结合，可以催生更加智能的 AI 游戏引擎，进一步提升游戏开发效率。例如，3D 引擎龙头企业 Unity 推出了两款 AIGC 产品：Unity Muse 创作平台和 Unity Sentis 引擎。

Unity Muse 支持 3D 游戏创建，用户输入文本即可创建动画，提高了游戏开发的效率。Unity Sentis 支持 AI 驱动动画角色和智能交互，在 Unity 运行时提供 AI 驱动的实时体验。Unity Muse 侧重于游戏开发，助力游戏开发提速，而 Unity Sentis 侧重于游戏产品应用，支持在游戏中嵌入 AI 模型，丰富游戏玩法和用户体验。

AIGC 与游戏引擎结合将推动游戏行业变革。首先，AIGC 能够提高游戏开发效率，缩短游戏内容制作周期。高频更新的游戏内容供给可以不断刺激

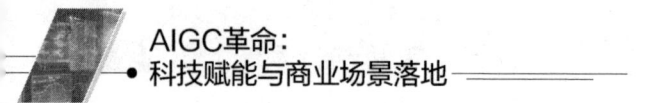

玩家需求，实现玩家的长期留存。

其次，AIGC 能够打破传统游戏设计模式，根据玩家偏好自动生成游戏世界观、故事、任务等，提升游戏可玩性。

最后，基于 AIGC 的生成能力，玩家能够在游戏中自定义虚拟角色外观、服饰等，更容易在游戏中形成情感投射，进而提升付费意愿。

未来，基于 AIGC 与游戏引擎的结合，游戏引擎将具备更智能的生成能力，从游戏更新、玩家参与游戏创作等多方面提升玩家游戏体验，推动游戏行业实现智能化发展。

6.2.3 网易伏羲：推进 AIGC 探索，解锁新玩法

自成立以来，网易旗下的人工智能研发平台网易伏羲就专注于 AI 赋能游戏和泛娱乐领域，拥有很强的技术优势。在 AIGC 风潮下，网易伏羲加深了对 AIGC 的探索，解锁了游戏新玩法。

以捏脸技术为例，网易伏羲持续探索 AIGC 与捏脸技术的结合，打造了照片捏脸、文字捏脸等智能捏脸技术，为业界探索智能捏脸提供了借鉴。在智能捏脸技术中，网易伏羲嵌入了一种多模态深度学习模型，以发掘美学规律，生成好看、不重复的游戏角色。基于这一技术，游戏开发团队可以快速生成符合人设要求的 NPC。

除了捏脸技术外，网易伏羲在 AIGC 绘画方面也做出了探索。例如，网易伏羲打造了一款图标生成工具，游戏开发团队可以凭借这款工具批量生成道具、技能图标等。

同时，网易伏羲尝试将 AIGC 生成能力向玩家端推进。例如，网易旗下游

戏《永劫无间》中上线了"AI 智绘·时装共创企划"活动。玩家可以利用 AI 绘画生成时装，并投票选出最受欢迎的作品。这种玩法一方面激发了玩家的共创热情，另一方面为游戏开发团队设计时装提供了参考。

除了以上方面外，网易伏羲还在文本生成、动画制作等方面进行了 AIGC 布局。未来，网易伏羲将进一步加强 AIGC 技术探索，基于 AIGC 打造创新性的游戏玩法，打造游戏亮点。

6.3 AIGC 融入音视频领域，打开想象空间

AIGC 与音视频领域的融合，给这一领域带来了无限的想象空间。具体而言，AIGC 能够为音视频创作提供创意和灵感，助力音乐、语音等内容生成，实现智能创作，并提高创作效率和质量。

6.3.1 AIGC 助力音乐创作

在音乐创作方面，AIGC 能够实现音乐合成、音乐生成等，为音乐创作提供技术辅助。当前，一些企业已经在 AIGC 音乐创作方面做出了探索，助力创作者产出优质的作品。

以腾讯音乐为例，腾讯音乐很早就在 AIGC 方面进行布局。2021 年，腾讯音乐成立了音视频技术研发中心——天琴实验室，持续进行 AIGC 相关技术

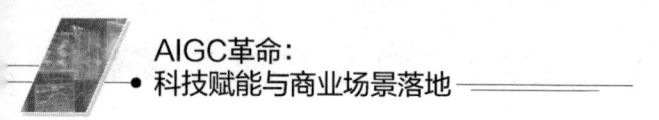

研发。

在音乐合成方面，天琴实验室打造了 AI 合成技术"琴韵引擎"。该技术能够实现歌声合成、歌声转换，让机器学习歌手的音色、演唱特点，还能够通过调整演唱技巧参数，提升歌声的自然度。

当前，琴韵引擎已经在虚拟数字人音乐创作项目中有所应用，如在天琴实验室打造的 AI 音乐伴侣"小琴"的《勇气大爆发》、虚拟偶像"鹿晓希 LUCY"的《叠加态少女》中实现了应用。同时，琴韵引擎还在全民 K 歌 AI 导唱、QQ 音乐动听贺卡等场景中得到应用。

在 2023 年 10 月腾讯音乐举办的第三届"TechME 技术周"AI 圆桌会上，腾讯音乐旗下的 QQ 音乐宣布将携手 3D 内容生产与消费平台元象 XVERSE 共同推出 lyraXVERSE 加速大模型，为用户提供个性化的音乐互动体验。未来，QQ 音乐将持续推进前沿技术合作，引领音乐娱乐创新方向。

随着技术探索步伐的加快，腾讯音乐将引领在线音乐的创新与发展，挖掘更多市场机会，释放 AIGC 的更大商业价值。

除了腾讯外，社交平台 Soul 也在 AIGC 音乐方面不断探索，打造音乐互动新玩法。2024 年 2 月，Soul 推出了"懒人 KTV"活动。用户可以录制自己的音频，打造专属声音模型，并通过 AI 唱歌模式，一键合成个性化的音乐作品。除了单人演唱外，此次活动还支持 AI 合唱。用户可以与好友共同完成音色克隆，打破时空界限实现"合唱"，获得新奇、有趣的音乐社交体验。

Soul 还完成了自主研发的音乐创作引擎"伶伦"的 2.0 版迭代。该引擎具备强大的音频深度学习能力，在音域控制方面，该引擎升级为多人多尺度自适配模型，以保证多人合成的相似度；在歌声合成方面，该引擎升级为先进的去噪扩散概率模型，提升了合成音乐的音质。"懒人 KTV"活动中的 AI 合唱功能就是基于伶伦引擎实现的。

未来，Soul 将持续升级伶伦引擎，基于 AIGC 的音乐创作能力，支持用户生成 AI 音乐作品，降低用户以音乐表达自我、以音乐进行社交的门槛，满足用户对差异化社交、沉浸式社交的需求。

6.3.2　AIGC 助力语音识别与合成

在游戏、传媒等领域，语音识别与合成技术发挥着重要作用。随着 AIGC 的发展，其在语音识别与合成方面的价值逐渐凸显。

以游戏领域为例，语音识别技术可以提升游戏的沉浸感和交互性。通过语音指令，玩家可以更便捷地操控游戏角色，无须频繁操作游戏手柄或键盘。AIGC 有助于打造高精度的语音识别系统，能够准确地将玩家的语音指令转化为游戏内操作，为玩家提供全新的游戏体验。

语音合成技术同样能够提升玩家的游戏体验。通过语音合成技术，游戏中的 NPC 可以拥有真实、个性化的语音表达，使得游戏场景更加生动。基于语音合成算法，AIGC 能够根据游戏情境和角色特点，自动生成相应的语音，为玩家带来身临其境的游戏体验。

有了 AIGC 技术的加持，玩家可以与游戏中的 NPC 进行深度对话、协作完成任务、获取道具等。而借助语音合成技术，游戏中的 NPC 能够以个性化的语音回应玩家，给用户带来更加逼真的游戏交互体验。

此外，在传媒方面，AIGC 语音合成可以合成名人语音，实现在媒体活动、有声书等方面的应用。例如，2023 年 3 月，长江日报携手百度智能云打造了"和雷锋一起读《雷锋日记》"的音频。该音频基于百度 AIGC 语音合成技术方

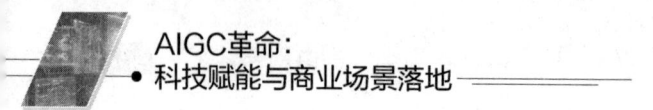

案和雷锋原始录音完成声音建模，合成模拟雷锋阅读《雷锋日记》的声音，获得了很多用户的好评。

雷锋声音的还原离不开百度 AIGC 语音合成技术方案的支持，该技术方案实现了两大创新。一方面，该技术方案实现了快速建模。该技术方案降低了录音门槛，无须录音棚录制和照稿朗读，只根据已有录音便可以快速建库。同时，该技术方案依托预训练框架完成自动建模，能够准确提取细粒度声学特征，保留原始语音中的表达方式，稳定合成训练模型。

另一方面，该技术方案能够实现真人声音还原。基于语言训练模型与声学模型相结合的前后端合成技术，该技术方案能够将语言模型中的韵律、语义信息传输给声学模型供其学习，使得语音合成效果在语义和句式上更贴切。

基于先进的 AIGC 语音合成技术方案，百度智能云将在未来充分发挥技术优势，持续打造创新性服务，助力媒体行业的内容传播。

6.3.3　阿里云智能：推出音视频领域 AI 助手

2023 年 6 月，阿里云智能对其新品"通义听悟"进行了公测。通义听悟是一款在通义千问大模型和音视频 AI 大模型的基础上打造的 AI 助手，能够为用户提供语音识别、记录、翻译等智能服务。

通义听悟具备通义千问大模型的理解与摘要能力，能成为用户生活和学习中的帮手。通义听悟搭载了先进的语音和语言技术，能够实现对音视频内容的检索、整理，帮助用户书写笔记、进行访谈和制作 PPT 等。

阿里云智能官方在发布会上演示了通义听悟的使用方法。通义听悟具备多项 AI 功能，十分强大。在会议场景中，通义听悟可以生成会议记录，对发言的用户进行区分。通义听悟的理解能力强大，能够为音视频划分章节、总结每位发言人的观点并形成摘要、对重点内容进行整理等。

通义听悟能够应用于多个场景，包括会议、采访、课堂等，其核心能力主要有以下几个，如图6-3所示。

01 实时语音转写，生成智能记录

02 文件转写，节约用户时间

03 实时翻译，打破语言壁垒

04 快速标记重点，内容简洁明了

05 支持内容一键导出

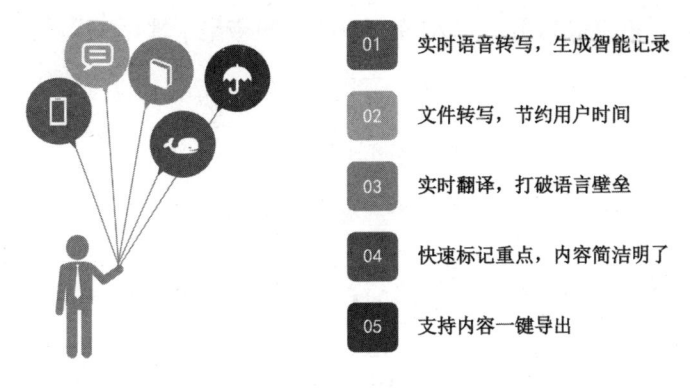

图6-3 通义听悟的核心能力

（1）实时语音转写，生成智能记录。通义听悟能够实时记录内容，对内容进行整理，实现音频、文本同步输出。同时，通义听悟具有关键字句检索功能，能够突出显示核心内容，帮助用户把握会话重点。

（2）文件转写，节约用户时间。通义听悟能够与阿里云盘互通，在短时间内实现音视频文件转写。转写结果会保存在"我的记录"中，方便用户随时回顾，节约用户时间。

（3）实时翻译，打破语言壁垒。通义听悟能够对发言内容进行实时翻译，支持中英互译，实现无障碍沟通。

（4）快速标记重点，内容简洁明了。通义听悟能够对内容的重点和待办事项等进行标记，使用户回顾整理时更加清晰明了。

（5）支持内容一键导出。用户可以从通义听悟中一键导出所需内容，包

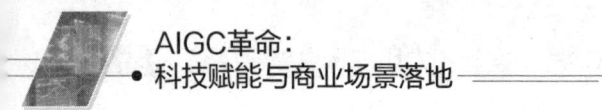

括音视频、笔记等。同时，通义听悟支持导入多种格式的文档，包括 Word、PDF 等。

此前，AI 转写服务价格高昂，而通义听悟作为"通义家族"的新成员，旨在为用户带来全新的音视频体验，用户可以通过完成每日任务来获得免费时长。通义听悟将成为用户的 AI 助手，为用户带来个性化、优质的智能服务。通义听悟的小程序版本将在钉钉、阿里云盘等产品中上线，与这些产品的内部使用场景相融合，为用户带来全新体验。

6.4 AIGC+元宇宙：开启娱乐社交新玩法

在科技发展的浪潮中，AIGC 与元宇宙结合孕育出全新的娱乐社交模式。AI 的智能创造力与元宇宙的无限空间相遇，共同打造了一个充满想象力与创造力的新世界。在这里，娱乐与社交的边界被打破，人们可以尽情释放自己的创造力，获得前所未有的新奇体验。

6.4.1 元宇宙的五大特征

元宇宙与游戏虽在表面上有相似之处，但探寻其本质，却截然不同。要细致区分元宇宙的娱乐产品和游戏产品，我们必须深入挖掘元宇宙所独有的五大鲜明特征，如图 6-4 所示。

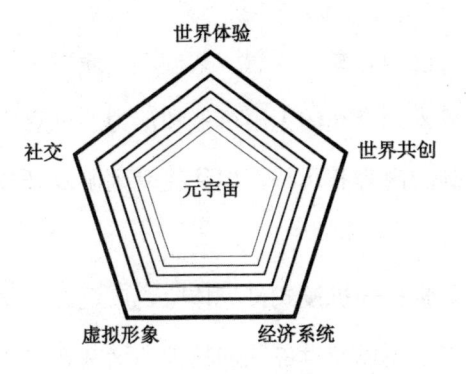

图 6-4　元宇宙的五大鲜明特征

第一，元宇宙提供的是一种全方位、多感官的沉浸式世界体验，让玩家仿佛身临其境，置身于一个真实而又充满奇幻色彩的世界之中。尽管游戏也能给用户带来一定程度的沉浸感，但相比之下，其层次和深度都有限。

第二，元宇宙强调的是广泛的社交互动。在这里，人们不仅可以与来自世界各地的玩家实时交流、互动，还能共同参与到各种丰富多样的社交活动中，建立起深厚的友谊和紧密的联系。而游戏虽然也有社交元素，但往往局限于游戏内部，难以打破虚拟与现实的界限。

第三，元宇宙允许玩家创建和定制自己的虚拟形象，从外观到内在特质，虚拟形象都能充分展现玩家的个性和创意。这种个性化的表达方式，让每个玩家都能在元宇宙中找到自己的独特定位。而游戏中的角色形象虽然也能进行一定程度的定制，但往往受到游戏设定和规则的限制。

第四，元宇宙拥有一个完善的经济系统，允许玩家在其中进行各种交易和商业活动，赚取虚拟货币和资产。这种经济系统不仅增强了元宇宙的真实感和可玩性，也为玩家提供了更多的创业机会和盈利空间。而游戏中虽然也有虚拟经济，但往往只局限于游戏内部，难以与现实世界产生实质性的联系。

第五，元宇宙的一个核心特征是世界共创。在这里，每个玩家都能成为

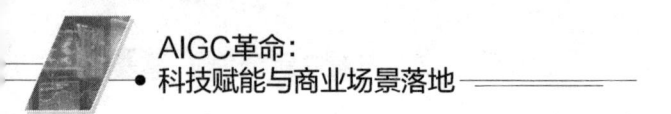

创作者，充分释放自己的智慧和创意。共创不仅激发了玩家的创造力和参与热情，也让元宇宙成为一个充满无限可能和活力的创意空间。相比之下，游戏虽然也有玩家自制的内容和玩法，但往往受到游戏开发商的限制并要经过审核。

只有当这五大要素——沉浸式世界体验、广泛的社交互动、个性化的虚拟形象、完善的经济系统以及世界共创精神和谐共融时，元宇宙才能真正构筑起一个完整且生动的观念框架。在这个框架内，世界共创显得尤为重要，它不仅是元宇宙的核心特征之一，更是赋予玩家无限创意和自由的灵魂所在。

在元宇宙中，世界共创为玩家提供了一片属于他们自己的土地，让他们能够在这片土地上自由挥洒创意，塑造出理想中的世界和玩法。这种创作过程不仅需要玩家的想象力和创造力，更需要他们对世界的理解和感悟。与创作短视频相比，元宇宙中的内容创作无疑更为复杂，这不仅需要创作者具备较高的综合素养，还要求他们掌握多种开发引擎并积累丰富的经验。

6.4.2 AIGC 提供元宇宙新型创作方式

元宇宙的创作主要依赖 PGC（Professional Generated Content，专业生产内容）的方式。这种方式虽然能够保证内容的质量和专业性，但限制了玩家的参与度和创意的释放。随着 AIGC 技术日益成熟，元宇宙的创作方式正在发生改变。

借助 AIGC 技术，玩家能够通过专业的大模型、智能算法及大数据分析，快速创造出满足个人需求的内容，极大地提升了创作效率和便利性。同时，AIGC 技术还能够根据玩家的反馈和行为数据，不断优化生成的内容，使其更加符合玩家的喜好和需求。这种个性化的创作方式，不仅让玩家在元宇宙中获得了归属感和成就感，还为元宇宙世界的共创注入了新的活力、带来了新的可能性。

在 AIGC 技术的助力下，元宇宙的创作门槛逐步降低，越来越多的普通玩家能够参与到元宇宙创作中来。这种大众化的创作趋势，不仅丰富了元宇宙的内容生态，还推动了元宇宙的快速发展和普及。未来，随着技术的不断进步和玩家需求的不断变化，元宇宙的创作方式和内容将不断创新，为玩家带来更加丰富多彩的体验。

6.4.3　Myverse：融合 AIGC 的元宇宙平台

Myverse 是一个综合性的元宇宙平台，结合了社交、娱乐、游戏、创作等多种元素，为用户提供一个更加开放、自由、多样化的虚拟世界。用户不仅可以打造和管理自己的数字资产，参与各类数字活动，还能借助 AIGC 技术打造独特的玩法与数字身份标签，获得全新的社交体验。

Myverse 搭载了三维空间构建大模型，每个用户都可以化身为建筑空间设计师，借助先进的 AIGC 技术，零门槛地创建自己梦寐以求的家园。Myverse 的魅力在于用户无须具备专业的设计技能或丰富的操作经验，就能轻松实现创意的转化，将脑海中的构想变为现实。

基于 AIGC，用户可以自由地选择建筑风格、布局元素和装饰细节，打造出独一无二的个性化空间。无论是古典雅致的庭院、现代简约的公寓，还是充满科幻感的未来城堡，都能在 Myverse 元宇宙中实现。而且，用户可以在元宇宙中邀请好友共同探索自己打造的奇幻天地。在这里，朋友们可以聚在

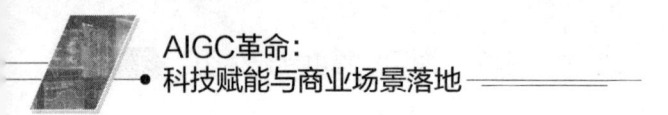

一起举办热闹的派对、开展有趣的游戏挑战，或共同欣赏由 AIGC 生成的美轮美奂的景观。

Myverse 元宇宙与 AIGC 技术的结合，不仅让用户体验到了前所未有的创作自由和社交乐趣，也为元宇宙的发展注入了新的活力。在这个充满无限可能的虚拟世界中，每个用户都能找到属于自己的一片天地，尽情挥洒创意和激情。

在元宇宙世界里，每个用户都会拥有一个虚拟的数字分身。传统的游戏玩法是每个用户可以在游戏中更换游戏所设定好的"皮肤"，而在 Myverse 元宇宙中，每个用户都能通过前沿的 AIGC 技术，创作出彰显个性的独特服装。这项创新功能不仅让时尚与科技完美融合，更为用户的虚拟分身增添了无限魅力。

通过 Myverse 元宇宙平台的 AIGC 工具，用户可以尽情释放创意，设计出各种各样的服装。无论是复古风、未来感、简约派还是华丽风，AIGC 都能精准捕捉用户的设计理念，并将其快速转化为精美的虚拟服装。

在创作过程中，用户可以自由选择面料、颜色、图案等元素，甚至还能通过智能调整工具，对服装的版型和剪裁进行精细化调整。这确保了每一件由 AIGC 创作的服装都能完美贴合用户的数字分身，展现出令人赞叹的穿着效果。

用户的数字分身穿上用户设计的服装，在 Myverse 元宇宙中漫步，不仅展示了用户的个性，更展现了用户对时尚的独特理解和追求。这种自我表达的方式不仅增强了用户之间的互动和交流，还让 Myverse 元宇宙成为一个充满创意和活力的时尚聚集地。

在 Myverse 元宇宙的奇妙世界中，每个用户都有机会拥有自己的数字分身。通过先进的 AIGC 技术，用户可以将自己的资料和声音数据输入数字分身系统中，赋予数字分身以生命和个性。

数字分身不仅外观酷似用户本人，更在性格、喜好等方面与用户高度契合。数字分身能够在 AIGC 的加持下自由行动，与元宇宙世界中的其他用户进行自然、流畅的交流。无论是打招呼、聊天还是参加各种活动，数字分身都能代表用户的意愿。想象一下，当你在 Myverse 元宇宙中漫步时，遇到了一个和你兴趣相投的朋友。你的数字分身可以代替你与他进行深入的交流，分享自己的故事和见解。这种跨越虚拟与现实的社交体验，不仅让用户在元宇宙中获得了归属感，还为他们打开了一扇通往未来世界的大门。

此外，数字分身还可以在用户的授权下代表他们参加元宇宙中的各种活动和挑战，为用户赢得荣誉和奖励。这种全新的参与方式不仅丰富了元宇宙的内容生态，还让每个用户都有机会在元宇宙中展现自己的才华和魅力。总之，在 Myverse 元宇宙中拥有数字分身可以给用户带来前所未有的体验。它让用户在虚拟世界中找到了真实的自我，为他们创造了一个充满无限可能和创意的新天地。

在物理世界中，宠物是人们忠实的精神伴侣，对主人有着深厚的情感。在传统的游戏世界中，宠物往往只是竞技的化身，缺乏真实世界宠物所具备的情感和互动性。但在 Myverse 元宇宙世界中，宠物有了全新的定义。借助先进的 AIGC 技术，每个用户都可以为自己的虚拟宠物赋予独特的"灵魂"，使它们能够像真实世界的宠物一样拥有记忆、性格和情感。这些宠物不再是冷冰冰的数据或简单的竞技工具，而是能够与用户建立深厚情感纽带的虚拟伙伴。

在 Myverse 元宇宙中，每个用户都可以根据自己的喜好选择并养育宠物。

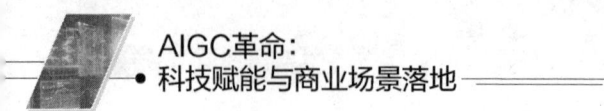

这些宠物不仅外观各异、性格独特，还能在与用户的互动中不断学习、成长，甚至发展出独特的喜好和习惯。它们会忠诚地陪伴在用户身边，为用户带来欢乐。

在MR（Mixed Reality，混合现实）技术的加持下，Myverse元宇宙中的宠物还能够跨越虚拟与现实的界限，与用户在真实世界中亲密互动。用户可以通过智能设备将自己的宠物投影到现实环境中，与它们进行真实的互动和玩耍。这种全新的体验不仅增强了用户与宠物之间的情感联系，还让虚拟宠物成为用户现实生活中的一部分。

总之，在Myverse元宇宙世界中，AIGC宠物已经不再是虚拟存在的竞技工具，而是成为能够与用户建立深厚情感纽带的虚拟伙伴和精神寄托。它们拥有独特的记忆、性格和情感，为用户提供陪伴、欢乐和慰藉，见证用户在虚拟世界中的成长。

AIGC技术与元宇宙融合，为人们带来了更加广阔的想象空间与创意舞台，从而引领娱乐社交迈入一个崭新的时代。这种结合不仅催生了层出不穷的奇思妙想，更在无形中拓展了社交边界，让娱乐社交焕发出新的活力。

第 7 章

AIGC+智能创作：提升内容创作效率

当前，内容创作领域的竞争日益激烈，创作要求不断提高。而 AIGC 可成为内容创作的驱动力，帮助创作者提升内容创作的效率和质量。AIGC 能够变革内容创作模式，为创作者提供智能创作工具，助力多类型内容创作。

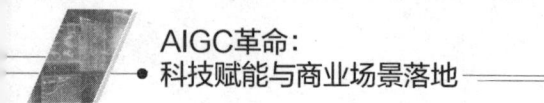

7.1 AIGC改变内容创作模式

AIGC不仅通过其强大的算法、能力为创作者生成富有创意、个性化的内容，更在深层次上改变了内容创作的传统模式。它使得内容创作变得更为便捷、高效，减轻了创作者的负担。未来，随着AIGC技术的不断发展，它将进一步深入内容创作的各个层面，推动内容创作模式的全面革新。

7.1.1 AIGC内容创作三大特点

与PGC和UGC（User Generated Content，用户生成内容）不同，AIGC在创意、个性化内容生成等方面寻求突破。除了提升效率外，AIGC还能够减少人为失误，提高内容质量。具体而言，AIGC内容创作具有以下几个特点，如图7-1所示。

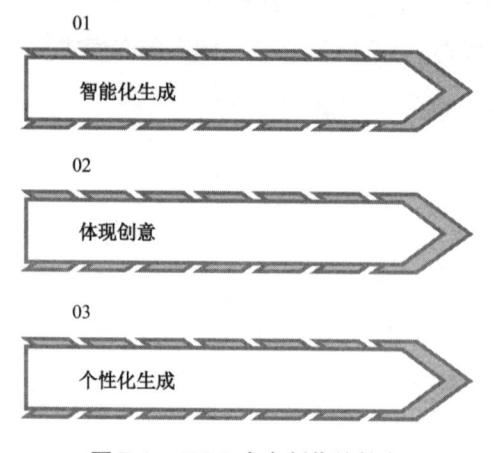

01 智能化生成

02 体现创意

03 个性化生成

图 7-1 AIGC 内容创作的特点

1. 智能化生成

AIGC 能够根据用户输入的关键词，智能生成符合用户需求的内容。同时，在生成内容的过程中，AIGC 能够与用户进行自然的交互，了解用户的偏好、细化要求等，对生成的内容进行进一步的优化，使之更加匹配用户需求。

2. 体现创意

基于对海量知识的学习，AIGC 能够根据用户的要求生成多种创意，为用户进行创作提供灵感。同时，基于深度学习、强化学习等技术，AIGC 能够不断学习和优化生成策略，生成更具创意的内容。

3. 个性化生成

AIGC 能够实现文本内容、图像内容、视频内容等多种内容的生成，能够根据不同用户的不同需求，为其提供个性化的内容生成服务。同时，AIGC 可以利用语音生成、图像生成等技术，对生成的内容进行个性化的呈现。

基于以上三大特点，AIGC 能够帮助创作者生成多种类型、多样风格、体现创意的内容，满足内容创作者的个性化要求，为其创作提供有效辅助。

7.1.2 AIGC 内容创作三大发展阶段

从发展趋势来看，AIGC 内容创作可以分为三大发展阶段，如图 7-2 所示。

1. 作为内容创作助手

在诞生之初，AIGC 主要是作为助手为创作者进行内容创作提供辅助。这

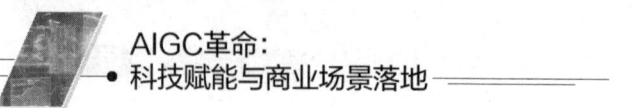

时的 AIGC 可以根据模板进行简单的内容创作，或通过预设的规则生成简单的文本，创作过程不灵活，所生成的内容容易出现刻板、文不对题等问题。

```
01 —— 作为内容创作助手
02 —— 与创作者进行协作
03 —— AIGC 原创
```

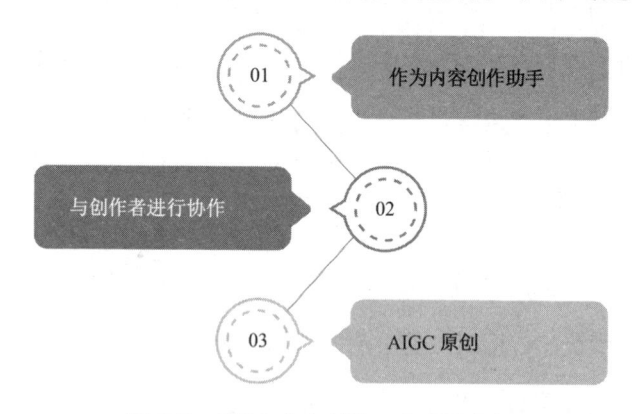

图 7-2　AIGC 内容创作三大发展阶段

2. 与创作者进行协作

随着技术的发展，AIGC 能够与创作者进行互动，实现协作创作。在创作过程中，AIGC 能够基于模型训练和创作者的需求，生成丰富、个性化的内容，如生成小说大纲、创意图片等，为创作者的创作提供素材、创意等。创作者可以基于 AIGC 生成的内容进行更加深入的内容创作，充分展现自己的才能。

在与 AIGC 协作创作过程中，创作者可以准备好自己需要的素材，让 AIGC 完成内容创作、视频创作等，提升创作效率。

3. AIGC 原创

未来，AIGC 实现完全原创或将成为现实。例如，AIGC 可以与虚拟数字人结合，以虚拟数字人的形态独立完成从创意生成、内容生成到内容运营、内容商业化的全流程。同时，AIGC 的模态将进一步扩展，能够从多方面进行多样化的创作，如触觉、情感等。

到 AIGC 原创阶段，AIGC 将进一步解放创作者的生产力，AIGC 在内容创作方面的价值将充分释放出来。但是，创作者需要对 AIGC 创作的内容的质量进行把控，让 AIGC 在完善的规则与标准的指引下发挥想象力与创造力。

7.2 AIGC 推动内容创作行业繁荣

AIGC 能够为创作者创作内容提供智能化工具，帮助创作者进行内容创新。同时，AIGC 与内容创作平台的结合将提升平台的智能性，优化用户的创作体验。

7.2.1 提供智能化创作工具，降低创作门槛

AIGC 与内容创作行业的结合催生了多样的智能化创作工具，降低了内容创作的门槛。企业布局 AIGC 智能创作工具主要有两种路径：一种是基于自身内容平台，打造辅助用户创作的 AIGC 工具；另一种是打造开放的 AIGC 内容创作平台。

在打造 AIGC 创作工具方面，微博表示将推出 AIGC 创作助手，为平台创作者的内容创作提效。例如，在微博大 V（Verified，微博上活跃着大群粉丝的用户）内容创作方面，该 AIGC 创作助手能够学习大 V 的创作习惯，结合微博热点内容，生成创作灵感。同时，在大 V 创作文章时，该 AIGC 创作助手可以提供标题、摘要、关键词等；在大 V 拍摄视频时，该 AIGC 创作助手可以给出剪辑、特效等方面的建议；在大 V 直播时，该 AIGC 创作助手可以

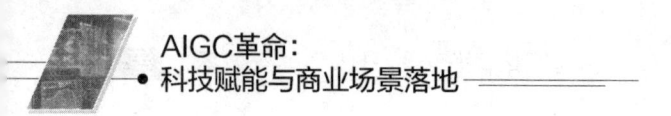

提供互动、推荐等方面的建议。

在 AIGC 内容创作平台方面,科大讯飞基于自身在语言、语音、图像等方面的技术积累,推出了"讯飞智作"内容创作平台。该平台为用户提供 AI 配音、形象定制等服务。用户输入文稿,选定虚拟人形象,就能够一键完成音视频内容的输出,大幅提高了音视频内容的生产效率。

同时,讯飞智作拥有 100 多个音库,覆盖新闻播报、有声阅读、广告促销、教育培训等多个场景,有大气浑厚、可爱甜美、成熟知性等多种风格可供用户选择,支持中文、英文等多种语言,能够满足用户的个性化需求。

当前,基于讯飞智作生成的音视频已广泛应用于传媒、金融、文旅等多个方面。未来,讯飞智作将基于 AIGC 持续拓展内容创作方式,助力各行业进行更高效的内容创作。

7.2.2 提供创意,助力创作者内容创新

AIGC 与内容创作的结合不仅为创作者提供了智能化创作工具,还激发了创作者的创意和想象力。

在内容创作过程中,AIGC 为创作者提供了更多的创意空间。其能够快速生成不同风格与主题的内容,创作者可以从中获取灵感,延展创意。同时,AIGC 能够基于热点话题分析、受众分析、社交媒体数据分析等,帮助创作者从一众创意中筛选最佳创意,使内容能引发受众共鸣。

此外,AIGC 能够帮助创作者进行创意表达。一方面,基于对海量内容的学习和理解,AIGC 能够提供合理的创作建议,帮助创作者更好地表达创意。另一方面,根据创作者输入的创意,AIGC 能够快速生成有意义、有深度的作

品，对创作者的创意进行延伸。在此基础上，创作者可以通过进一步提出要求来完善创意，打造更加优质的作品。

在 AIGC 赋能创意方面，百度推出了一款 AI 文本创意工具，能够为营销人提供营销创意。对于营销人来说，营销文案同质化、创作质量与创作效率要求提高等使其承受很大的压力。针对这一现状，百度 AI 文本创意工具能够帮助营销人解决缺乏创意、创作效率难以提升的难题。

该 AI 文本创意工具能够帮助辅助用户进行灵感洞察，提升创作效率。用户只需要提出需求，AI 文本创意工具就会基于大模型进行自动分析，并生成符合营销场景与用户需求的创意文案。

总之，AIGC 能够基于丰富的数据和强大的内容生成能力，生成符合市场需求与创作者要求的最佳创意。这能够帮助创作者打开思路，进行多样的创意尝试，进而实现内容创新。

7.2.3　腾讯智影：提供多方面 AIGC 生成能力

2023 年 3 月，腾讯发布了 AI 智能创作助手"腾讯智影"，通过为创作者提供智能创作工具，帮助创作者在内容创作过程中提质增效。

腾讯智影提供"人""声""影"三个方面的 AIGC 能力。在"人"方面，腾讯智影推出了智影数字人功能，基于该功能，用户输入文本或音频内容，即可生成数字人播报视频。同时，智影数字人还能够实现形象克隆，用户只需要上传少量图片、视频素材，就能够获得自己的数字人分身，并通过数字人分身完成演讲或播报工作。此外，智影数字人还支持数字人直播，用户可以借助智影数字人和虚拟背景，实现 7×24 小时不间断直播。

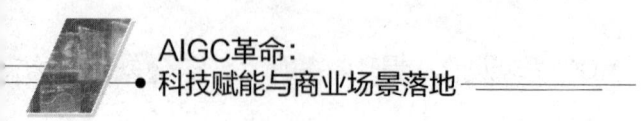

在"声"方面，腾讯智影提供文本配音、智能变声等功能。其中，文本配音功能提供上百种音色，用户输入文本即可生成自然语音，能够应用于新闻播报、短视频创作等场景。对于用户提供的文稿，腾讯智影能够快速完成配音和发布。用户能够对配音的语音倍速、多音字、停顿等细节进行手动调整，让音频更自然。此外，借助变声功能，创作者能够在保留原始韵律的同时，将音频转换为指定的人声，让视频更具表现力。

在"影"方面，腾讯智影能够帮助创作者提升创作效率和质量。例如，借助腾讯智影文章转视频能力，创作者可以将自己创作的文章转化为视频内容。基于分段式的素材呈现方式，创作者能够更加高效地处理分镜、添加特效等，缩短视频制作的周期，降低视频制作成本。

未来，腾讯智影将持续加深对 AIGC 技术的研究和探索，不断挖掘其应用价值，同时对功能进行更新，降低产品的使用门槛。

7.3 AIGC 助力多类型内容创作

从应用角度来看，AIGC 能够从文字、绘画、音频、视频等多方面赋能创作者进行内容创作。当前，在这些领域，已经出现了便捷可用的 AIGC 创作工具，创作者进行多样化的 AIGC 内容创作成为现实。

7.3.1 文字创作：AIGC 辅助写作

文字创作是创作者内容构建和灵感表达的过程，AIGC 可以从多方面辅助创作者进行文字创作。以网文创作为例，在"2023 阅文创作大会"上，阅文集团展示了旗下 AIGC 写作辅助大模型以及基于这一大模型的应用产品。

在大会现场，AIGC 写作辅助大模型回答了关于《庆余年》《全职高手》等知名网文作品的数个问题，包括情节内容介绍、角色介绍等，在回答的准确性、全面性方面有较好的表现。

根据用户的提问，AIGC 写作辅助大模型能够提供灵感，辅助用户进行内容创作。以创作一本玄幻小说为例，AIGC 写作辅助大模型能够根据用户的提问，给出修炼境界、宝物道具设定、门派势力等方面的详细内容，为创作者进行小说创作提供参考。

此外，AIGC 写作辅助大模型还能够帮助创作者丰富世界观设定、角色设定等多方面的细节。例如，在世界观生成方面，AIGC 写作辅助大模型能够帮助创作者设定武力值、门派势力等内容，以丰满世界观设定。

AIGC 写作辅助大模型具有丰富的词汇量和多样化的场景描述。创作者可以将大模型作为寻找词汇、素材的辅助工具，避免在描写特定场景时卡壳。

总之，在文字创作方面，AIGC 带来了新的创作模式，能够极大地解放创作者的生产力。这对于文字创作生态、IP 生态的完善与拓展具有积极的推进作用。

7.3.2 绘画创作：赋能艺术创作与设计

在绘画创作方面，AIGC 能够根据用户输入的文字、图片等素材，生成不同主题与风格的绘画作品，辅助创作者进行艺术创作与设计。

在辅助创作者进行绘画创作方面，基于文心大模型，百度发布了一款文

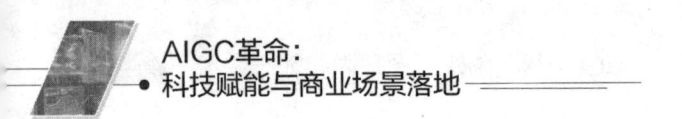

生图 AIGC 应用"文心一格",为绘画创作、设计等带来新的机遇。对于有设计需求、艺术创作需求的创作者而言,文心一格能够智能生成多样化的 AI 创意作品,辅助创作者进行创意设计。

文心一格具备多方面的能力,支持卡通、油画、素描等多种绘画风格,能够满足创作者的多种创作需求。同时,其能够根据创作者输入的场景、风格等要求,实现个性化的内容创作,或根据创作者的创意要求,生成多样化的创意方案。此外,文心一格还能够根据创作者输入的文本情感生成相应内容,实现具有感情色彩的创作。

除了百度外,快看世界(北京)科技有限公司(以下简称"快看漫画")也积极尝试以 AIGC 技术赋能创作者创作。在 AIGC 爆发之前,快看漫画便启动了"神笔马良"工程,并与一些高校合作,探索 AI 与漫画行业相结合的具体方式,如 AI 帮助创作者给漫画上色、进行线稿优化等。

随着 AIGC 技术的发展,快看漫画关注到了 AIGC 技术在绘画创作方面的应用价值,成立了 AIGC 事业部,探索 AIGC 技术在漫画创作方面的应用。快看漫画还打造了 AI 集成全流程辅助创作数字化工作台,能够帮助创作者寻找创意、辅助编剧,并自动实现上色、角色换装等,将创作者从重复的创作工作中解放出来。

总之,AIGC 与绘画创作的结合将丰富内容创作方式,提升漫画创作、艺术设计的效率和质量,增强内容的竞争力,给行业带来新的发展局面,推动整个内容创作行业向更加多元化、智能化的方向发展。

7.3.3 音频创作:为有声内容生产提速

在音频创作方面,AIGC 能够提供语音克隆、AI 配音等服务,满足创作者在有声阅读、影视解说等方面进行创作的个性化需求。以有声阅读为例，当前，有声阅读行业持续发展，规模不断增长，而 AIGC 的出现，加速了有声内容的生产。

在有声阅读方面，单一音色播讲十分常见，这往往导致听众难以区分不同角色，且长时间听同一种音色容易感到枯燥乏味。针对这一痛点，火山语音打造了一套完善的 AI 多角色演播方案。

该演播方案基于火山语音丰富的有声阅读场景和优质音色打造音色矩阵，通过自然语言处理技术理解文本并实现自动配音，形成拟真的多角色演播效果。同时，该演播方案能够融合有声内容创作流程，并在创作平台落地应用，实现有声内容的规模化、差异化生产。

具体而言，火山语音 AI 多角色演播方案具备以下三大优势，如图 7-3 所示。

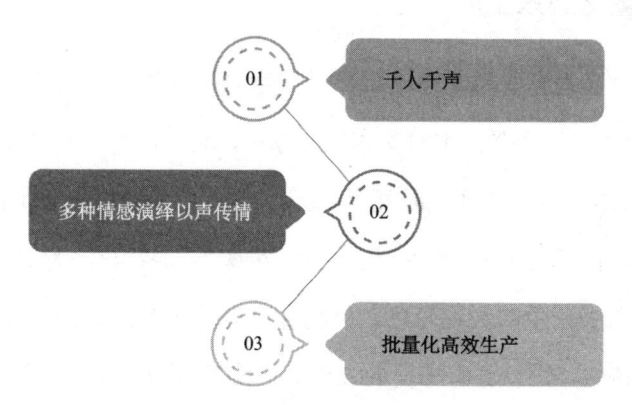

图 7-3　火山语音 AI 多角色演播方案的三大优势

1. 千人千声

面对网文爆发式增长的态势，火山语音围绕网文中的经典角色，着力打造适配不同角色的 AI 音色矩阵。当前，火山语音 AI 配音家族中拥有数十个

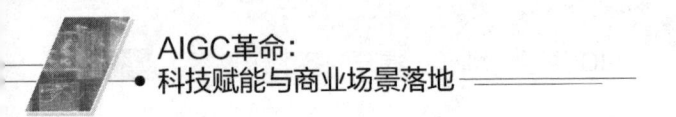

精品音色，如穿越文中睿智的大女主、青涩校园中的鬼马少女等，以满足众多小说对角色人设的需求。

2. 多种情感演绎以声传情

在有声内容创作中，满足听众的沉浸式阅读需求十分重要。除了音色外，AI主播还需要能哭会笑，像专业配音演员一样自然、真实地表达情感。为此，火山语音赋予了不同的AI音色开心、愤怒等情绪。

为了让不同情绪的演绎更加真实，火山语音还加深了对停顿、重音、笑声、哭腔、咬牙切齿等副语言的探索，并对副语言进行了精细化还原，使重音、停顿、笑声、叹息、叫喊声等更加真实、自然，给听众带来沉浸式的体验。

3. 批量化高效生产

文本的语义理解与话本自动制作是有声书批量化生产的关键。在传统的AI有声书创作中，需要人工对文本进行标识，划分出对话与旁白，标识不同角色的台词。这一过程往往耗时耗力，导致AI有声书难以高质量批量化生产。

而火山语音打造了AI文本理解模型，实现了人名识别、对话人物匹配等，能够自动提取小说中的人物角色，自动区分对话与旁白。同时，该模型还能够识别对话情感，进行更有感情的表达。这使得精品AI有声书的创作效率大幅提升。

此外，火山语音还打造了AI有声内容创作平台。创作者只需要导入目标书籍、文本，平台便能够自动完成角色识别、对话与旁白识别、情感识别等。在配音环节，创作者可以选择合适的AI音色来匹配书中角色，并实现一键配音。配音完成后,平台能够完成音频的合成与拼接,高效完成有声书的制作。

为了满足创作者差异化的创作需求,该平台还提供音频调整、精修等功能,创作者可以基于这些功能对合成后的音频进行优化,使音频演绎更加完美。

7.3.4 视频创作:快手加深 AIGC 探索

AIGC 与视频创作的结合让视频创作变得更加简单。对于有创作想法、但视频创作技巧有所欠缺的创作者来说,AIGC 能够帮助他们轻松创作出精美的视频;对于专业创作者来说,AIGC 能够帮助其降低创作视频的成本,让其有更多时间打磨内容,制作出更加精良的作品。

在 AIGC 视频创作方面,快手积极进行布局,不断更新创作者的创作体验。

一方面,借助 AI 技术,快手推出了一系列 AI 生成工具,实现了 AI 生成文案、AI 生成视频、AI 生成音色素材等,为创作者的视频创作赋能。当前,快手已经在旗下 APP、剪辑工具"快影"、拍摄工具"一甜相机"等应用中上线了一系列创作功能。未来,快手计划在快影、一甜相机等产品中上线 AI 生成影视解说脚本、AI 一键 vlog 剪辑等 AIGC 功能,为创作者智能创作视频助力。

另一方面,快手推出了基于自主研发的 AI 大模型的"全模态、大模型 AIGC 解决方案"。该方案具备文本生成、图像生成、音频生成、视频生成等 AIGC 能力,覆盖从创意生成、素材挖掘到背景音乐制作、视频剪辑、视频生成的全流程,让视频创作更加便捷。

在创意发现方面,快手基于自主研发的大模型,强化了自然语言理解与

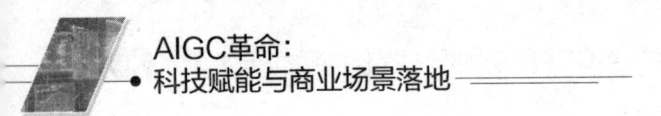

生成能力，能够根据创作者的需求完成脚本撰写、图片与配乐生成，为创作者提供更多灵感。在素材挖掘方面，快手推出了文生图大模型，能够帮助创作者生成与主题相关的图片素材，帮助创作者描绘想象力。同时，该模型具有对图片进行修改、多图像融合等图像编辑能力，能够满足创作者对生成素材再创造的需求。

在背景音乐制作方面，快手提供强大的音乐生成能力。快手打造了基于预训练模型的可控歌词生成系统，能够根据主题生成歌词，再生成旋律。在视频剪辑和制作方面，快手推出的 AIGC 解决方案能够实现一键制作特效大片，支持多种风格和时空转场。

此外，快手还打造了 AIGC 数字人解决方案"快手智播"。该解决方案支持创作者制作数字人，并使用数字人制作短视频、开启直播等，为电商直播助力。基于快手的 SaaS 服务工具，创作者能够实现一键开播，让数字人制作与直播更加便捷。

未来，快手将不断提升 AIGC 技术能力、升级产品功能，为创作者提供更便捷、更智能的创作体验。

第 8 章

AIGC+智慧服务：让 AI 产品服务更有温度

在 AIGC 技术的助力下，AI 具备理解与处理复杂问题的能力，以 AI 机器人为代表的 AI 产品能够更加自然地与用户进行交互。同时，AIGC 拓宽了 AI 的应用场景，使得 AI 机器人能够在更多领域落地，为用户提供多样化的智慧服务。

8.1 AIGC赋能，AI产品的服务趋于智慧化

当前，AI产品已经普遍应用于智能家居、智能制造、智能医疗等领域。而AIGC与AI产品的结合，能够为AI产品提供更强大的智能能力，使AI产品的服务更加智慧化。

8.1.1 三大赋能，AI产品更智能

从技术方面来看，AIGC能够从三大方面赋能AI产品，让AI产品具备更强大的理解能力与智能交互能力，提升用户人机交互体验，如图8-1所示。

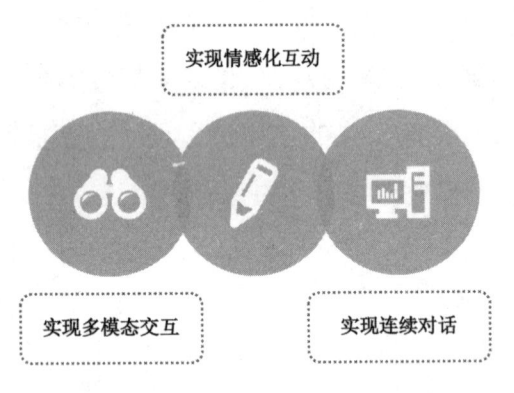

图8-1 AIGC对AI产品的三大赋能

1. 实现多模态交互

AIGC 能够助力 AI 产品实现包括文本交互、语音交互、图像交互、手势交互等多种交互方式在内的多模态交互。

（1）文本交互：指的是 AI 产品通过自然语言文本进行交互。实现原理是 AI 产品通过自然语言处理技术分析用户输入的文本，并通过相应的算法生成用户需要的文本。

（2）语音交互：指的是用户可以通过语音与 AI 产品交互。实现原理是 AI 产品通过语音识别技术将用户的语音转化为文本，再通过自然语言处理技术将文本转化可以理解的指令，再执行相应的操作。

（3）图像交互：指的是用户通过图像与 AI 产品交互。实现原理是 AI 产品通过计算机视觉技术，如图像识别、姿态识别等，将用户输入的图像转化为可以理解的指令，再执行相应的操作。

（4）手势交互：指的是用户通过手势与 AI 产品交互。实现原理是 AI 产品借助姿态识别技术将用户的手势转化为可以理解的指令，再执行相应的操作。

在 AIGC 的支持下，在交互过程中，AI 产品可以实现多模态输入和多模态输出，即接受文本、语音、图像等多种形式的内容输入，通过语音合成、图像生成等技术，将输出的内容转化为用户想要的形式。

2. 实现情感化互动

有了 AIGC 的助力，AI 产品能够与用户进行情感化互动。例如，在医疗服务场景中，AI 产品能够体现出对用户的人性化关怀；在在线教育场景中，AI 产品能够展现亲和力。

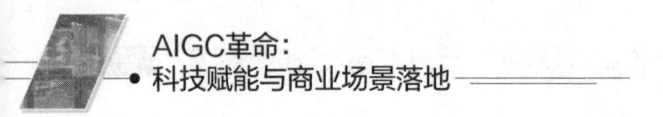

同时，基于强大的感知能力和学习能力，AI 产品能够根据用户需求自动调整情感表达方式。例如，AI 产品可以通过观察用户的表情和肢体语言判断用户的情感状态，给予用户相应的回应，与用户之间的交互更加自然、流畅。

3. 实现连续对话

AI 产品实现连续对话有两个难点：一是主动对话和被动对话之间的切换；二是听说角色之间的切换。当前，市面上的一些 AI 产品在智能性方面存在欠缺。当用户提出问题时，AI 产品只会从知识库中检索答案，据此回答用户的问题，无法与用户主动沟通。同时，在回答问题的过程中，AI 产品无法响应用户提出的新问题。

而有了 AIGC 的支持，AI 产品不是只被动地与用户一问一答，而是拥有双向语音对话能力，能够提升人机交互体验。具体而言，在人机交互方面，AI 产品具有以下两种能力。

（1）除了被动回答用户的问题外，AI 产品能够与用户主动沟通。例如，主动与用户打招呼、在对话过程中主动询问用户的需求、主动询问不太清楚的对话内容等，人机对话更加自然。

（2）AI 产品能够实时切换听说角色。在讲话过程中，如果用户提出了新的问题或表达自己的意见，AI 产品可以及时中断讲话，切换到倾听者的角色，了解用户的要求。当用户表达完自己的需求时，AI 产品会切换到说话者的角色，提供相应的内容。在说话被打断时，AI 产品可以及时中断此前的回答，根据用户提出的新要求，调整内容输出的优先级，输出合适的回答。这能够避免对话内容重复，实现对对话过程的控制。

总之，AIGC 能够从多模态交互、情感化互动、连续对话等方面赋能 AI

产品，大幅提升 AI 产品的智能性。

8.1.2 打造 AI 产品更加便捷

语音助手、AI 客服等 AI 产品的运作离不开底层知识库与模型数据集的支持。加速完善知识库，以丰富的数据实现更好的模型训练，是 AI 产品进行迭代的关键。

以往，在打造 AI 产品的过程中，企业会借助标注系统、模型管理系统等对模型进行系统性的训练。在模型训练的过程中，许多环节都需要人工完成。在这种情况下，会出现数据不一致、训练效率低等问题。

而在 AIGC 的助力下，底层模型的构建以 AI 为主导，只有决策环节需要人工介入。这能够大幅提高数据处理、知识萃取、模型构建的效率。

例如，为了做好客户服务，很多企业都上线了 AI 客服。在打造 AI 客服的过程中，企业需要构建知识体系，用于打造 AI 客服知识库和构建底层模型。这些多年积累的知识不仅体量庞大，且往往以文档、视频、语音等多种形式存在。企业需要耗费大量人力整理资料并上传至 AI 客服知识库中。由于知识库中的知识难以覆盖用户提问的所有问题，因此知识库有很大的完善空间。

凭借大模型强大的理解能力，企业在打造 AI 客服知识库时，只需要将目前已有的知识与大模型相结合，就能够快速形成知识库基本框架。同时，基于大模型强大的学习能力，即使用户提出较为复杂的问题，AI 客服也能够基于对知识库中知识的学习，生成符合逻辑且专业的回答，提高客户服务水平。

如果企业内部的知识有更新，那么 AI 客服的知识库也需要更新，以保证回答的准确性。以往，AI 客服的每次更新都需要企业重新构建知识库，耗费

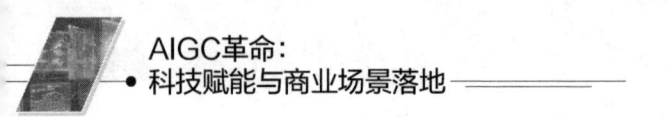

大量成本。而大模型可以帮助企业实现降本增效，企业只需要将新的知识上传到知识库中，接入大模型的 AI 客服就能够进行自动学习，输出新内容。这极大地降低了 AI 客服在使用过程中的维护成本。

8.1.3　使 AI 产品输出个性化内容

在内容输出方面，AIGC 能够帮助 AI 产品实现内容智能生成，提高生成内容的效率和准确度。同时，AI 产品具有更强大的语义理解与生成能力，能够根据用户需求输出个性化的内容。

以往，AI 产品输出的内容多为预设式内容。在打造预设式内容时，对话设计、生成内容策略等都需要人工参与。同时，AI 产品输出的内容是有限的，一旦用户提出的问题超出了预设内容的范围，AI 产品就无法给出合适的回答。

而 AIGC 与 AI 产品的结合赋予 AI 产品智能生成内容的能力，AI 产品能够根据用户需求实现对话生成、运营策略生成等，提升与用户交互及输出内容的准确性，改善人机交互体验。

以语音助手为例，有了 AIGC 的加持，语音助手能够升级为用户的个性化助手。例如，当用户表示自己对即将到来的面试十分紧张时，语音助手能够给予用户温暖的鼓励；当用户询问某条旅行路线时，语音助手能够以轻快的语调描绘沿途风景，引发用户的憧憬和期待。

语音助手具备多样化的功能。在生活中，它能够成为用户的生活助手，提醒用户天气变化、为用户答疑解惑。在工作中，语音助手具备翻译、生成会议纪要等功能，助力用户更高效地完成工作。

2023 年 9 月，阿里巴巴旗下的 AI 业务公司发布全新品牌"未来精灵"。

"未来精灵"是"天猫精灵"的全新升级，给"天猫精灵"终端接入大模型和多项 AIGC 能力。在新的操作系统的助力下，用户可以打造属于自己的、更加智能、个性化的语音助手。

总之，在 AIGC 的助力下，AI 产品输出的内容将更加个性化、更具智慧。随着 AIGC 的发展，其将推动 AI 产品渗透更多领域，智能产出更多内容。

8.1.4　AIGC 智能客服成为潮流

基于 AIGC 的应用优势，很多企业推出了 AIGC 智能产品。其中，AIGC 智能客服是一大热门方向，成为众多企业竞相追逐的潮流。

在这方面，客户服务方案提供商北京合力亿捷科技股份有限公司（简称"合力亿捷"）基于与 ChatGPT、Azure 等大模型的对接，打造了 AIGC 智能客服产品——客服 Robot。

怎样提升智能客服的对话效率和准确率，是合力亿捷研发客服 Robot 的主要切入点。传统机器人依据企业知识库运作，需要人工将企业内部知识、材料进行整理并上传到机器人知识库中。汇总、整理、上传等流程需要耗费大量人力、物力，且效率低下。同时，对于用户提出的问题，传统机器人只能从知识库中搜索相关答案，一旦用户所提问题没有被收录到知识库中，传统机器人就无法给出回答。

而有了大模型的助力，合力亿捷在打造客服 Robot 时，只需要将企业知识库与大模型相结合，就能够实现各种知识的自动归纳和整理，减少了人工的工作量。面对用户提问，客服 Robot 能够自动整合知识库中各种碎片化的知识，生成精准的回答，大幅提升了应答效率和准确性。

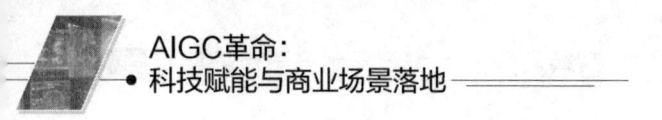

同时，客服 Robot 具有强大的独立理解能力。在大模型的理解能力的赋能下，客服 Robot 能够在进行预设问题的训练后，独立完成问题理解、意图识别、逻辑应答等流程，更加易用、便捷。

此外，客服 Robot 遵循自身逻辑进行应答。在与用户对话时，客服 Robot 会对用户提出的问题进行分类，再做出相应的反应。当用户询问与企业相关的问题时，客服 Robot 会识别用户的意图，并回答与企业、产品相关的各种问题。在进行多轮对话时，客服 Robot 会结合上下文以及知识库给出准确的回答。如果用户的提问包含企业敏感信息，客服 Robot 会进行敏感信息的风控管理，输出安全的内容。

客服 Robot 发布后，吸引了数百家企业用户进行体验。未来，客服 Robot 将服务更多的企业，促进企业客服的智能化转型。

8.2 AIGC 助力 AI 机器人发展

AIGC 能够从多方面推动 AI 机器人发展。AIGC 能够提升 AI 机器人的理解能力、交互能力，使 AI 机器人能够更准确、流畅地与用户进行交互。同时，AIGC 能够提升 AI 产品的通用能力，使其具有多模态交互及内容生成能力，大幅提升 AI 机器人的智能性。

8.2.1 提升理解能力，赋能 AI 机器人文本产出

基于深度学习技术，AI 机器人能够识别关键文本信息，根据用户需求整

理文本数据，并给出分析结果。在文本内容产出的过程中，AI 机器人离不开以下技术的支持，如图 8-2 所示。

图 8-2　AI 机器人的三大技术支持

1. 自然语言理解

自然语言理解是一种帮助计算机理解文本内容的技术，能够赋予 AI 机器人理解人类自然语言的能力，并完成特定的语言理解任务，如文章理解、文本摘要、文本翻译、情感分析等。

2. 自然语言生成

自然语言生成指的是将计算机生成的数据转换为用户可以理解的语言形式。用户与文本机器人交互，文本机器人需要先利用自然语言理解技术理解用户的意思，再利用自然语言生成技术进行回复。

3. 大模型

AI 机器人产出文本需要具备足够的文本数据来训练模型。模型训练的结果直接决定了 AI 机器人的对话系统的功能。因此，训练一个好的对话系统是打造 AI 机器人的关键。

在技术的限制下，传统 AI 机器人存在一些共性问题，例如，知识库不够

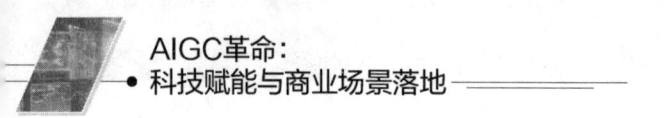

完善；难以生成与用户提出的专业化问题或个性化问题相匹配的回答；在语义理解、情感理解方面存在欠缺，回复僵硬，缺乏亲和力。

而大模型能够为 AI 机器人提供更强大的技术支持。基于大模型的支持，AI 机器人能够针对不同问题生成专业化的回答。此外，在大模型的支持下，AI 机器人的语义理解能力会大幅提升，能够响应用户提出的个性化问题。

AI 机器人服务于用户，因此用户体验十分重要。以往，很多公司在开发 AI 机器人时，只考虑技术实现问题，而忽视用户体验，这就导致虽然 AI 机器人能够完成一些对话任务，但在用户体验方面仍有待提升。而 AIGC 与 AI 机器人的结合，能够使 AI 机器人摆脱发展困境，在对话流畅度、语义理解、生成内容的精准性方面有所提升，进而提升用户体验。

8.2.2　提升交互能力，使人机语音交互更自然

当前，AI 机器人的人机交互能力不足，具体体现在 AI 机器人只能以问答的形式进行人机交互，被动执行用户的命令，难以提供流畅的交互体验。同时，AI 机器人很难理解用户提出的复杂问题并完成任务。

而 AIGC 能够弥补 AI 机器人交互体验不佳的缺陷，提升 AI 机器人的语音识别能力、反馈内容的丰富性和准确性，实现高效、流畅的人机交互，为用户带来更加智能、流畅的交互体验。

AIGC 与 AI 机器人的结合已经有一些实践案例。例如，2023 年 6 月，智能硬件公司深圳乐天派创新科技有限公司发布了一款 Android 桌面机器人——乐天派桌面机器人。乐天派桌面机器人是一个接入讯飞星火认知大模型的 AI 机器人，能够为用户提供更好的语音交互体验。

AIGC+智慧服务：让 AI 产品服务更有温度　　第 8 章

接入大模型使得乐天派桌面机器人拥有强大的语音对话能力，基于语音识别技术，乐天派桌面机器人能够精准识别用户的语音指令并快速做出反应，流畅地与用户沟通。用户可以向其询问天气，让其播放音乐。同时，乐天派桌面机器人支持用户进行视频通话、拍照、拍视频等。用户可以使用乐天派桌面机器人与亲朋好友沟通，随时随地拍摄照片和视频。此外，乐天派桌面机器人还具有一些更加智能的功能，如回答数学问题、制定旅游路线、进行逻辑推理、编写代码等。

乐天派桌面机器人可以应用于家庭、办公等诸多场景中。在家庭场景中，它可以给用户带来更多情感关怀，如在用户休闲的时候播放音乐、为用户送上生日祝福等。它还可以监听家中的安全情况，通过连接智能家居设备实现家居的自动化控制等。在办公场景中，乐天派桌面机器人可以作为用户的工作助手，帮助用户完成整理会议记录、文案撰写、翻译等工作。乐天派桌面机器人还具有自主学习的功能，能够通过自我学习优化自身服务，不断改善用户体验。

乐天派桌面机器人支持用户定制功能，具有很高的开放性，用户可以定制表情、自定义交互界面。同时，其还支持用户切换不同的语音助手。随着市场中的语音助手越来越多，乐天派桌面机器人将会接入更多的语音助手。未来，乐天派桌面机器人还将向用户开放接口，支持安装 Android APP。

总之，在 AIGC 的支持下，AI 机器人能够实现语音识别能力、精准反馈能力、流畅沟通能力等多方面的提升，突破"命令式交互"瓶颈。未来，AI 机器人将具备更多智能功能，为用户的生活提供更多便利。

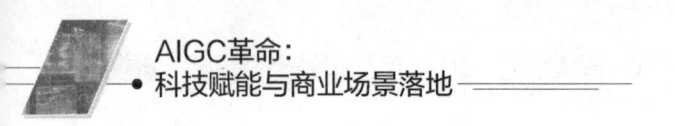

8.2.3 全面赋能，使 AI 机器人具备通用性

基于多模态大模型，AI 机器人能够具备通用能力，完成更多任务。当前，一些企业已经在多模态大模型研发、接入 AI 机器人方面做出了探索，并有了一些研究成果。

2023 年 7 月，在"第六届世界人工智能大会"上，中国中信集团有限公司（简称"中信集团"）推出了新项目"多模态 AI 打造有温度的信用卡服务"。该项目展示了中信集团基于大模型、融合多模态技术打造的智能机器人服务矩阵，包括 AI 外呼机器人、AI 感知机器人、智能问答机器人、智能质检机器人、座席辅助机器人等。

AI 外呼机器人能够实现个性化服务，让人机交互更自然；AI 感知机器人能够借大模型挖掘用户痛点，优化服务流程；智能问答机器人能够实现多轮智能问答，提供 24 小时问答服务，随时帮助用户解决问题；智能质检机器人能够实现对对话内容的全面检查，保障用户权益；座席辅助机器人能够提供流程导航服务，提升综合服务水平。

多模态智能机器人服务矩阵能够依据用户画像，为用户智能推荐产品，还能够通过"声纹无感核身"帮助老年用户享受直通查询服务，让老年用户获得更有温度的金融服务。

在这届人工智能大会上，机器人企业达闼机器人发布了机器人多模态大模型 RobotGPT，同时推出了基于大模型的服务平台和一体机产品。

RobotGPT 具备多模态融合感知、决策和行为生成能力，其与机器人的结合，能够帮助机器人理解用户的语言、表情、动作等，并根据指令自动规划和执行任务。基于此，多模态机器人能够实现在复杂场景中的应用，通过"察言观色"与用户实时交互。

RobotGPT 具备多轮对话、多模态交互、AI 变声、声纹识别、图片理解、图片生成等能力，除了实现机器人的多模态交互外，还能够支持机器人进行精准的行业问答、完成多轮对话等。

未来，在大模型的支持下，AI 机器人将具备多样化的内容生成能力，应用范围将进一步拓展，实现在医疗、教育、金融等更多领域的应用。

8.2.4 阿里云：以 AIGC 赋能工业机器人

AIGC 与 AI 机器人的结合能够极大地提升 AI 机器人的智能能力，使其能够完成更加精细、专业化的工作，推动 AI 机器人的发展。当前，阿里云已经做出尝试，基于自身通义千问大模型赋予工业机器人 AIGC 能力。

阿里云尝试将通义千问大模型接入工业机器人，实现工业机器人的远程操控。阿里云公布的演示视频展示了这一应用。工程师通过钉钉发送"找点东西喝"的指令后，通义千问大模型会立即理解这一指令，并自动编写一段代码发送给机器人。接收指令后，机器人会识别周围环境，找到桌子上的水杯，流畅地完成移动、抓取等动作，将水杯递给工程师。

此前，机器人只能完成一些设定好的固定任务，难以执行一些灵活性很强的任务。而大模型能够突破这种局限，让用户可以通过自然语言指挥机器人完成任务。

工业机器人的开发门槛较高，工程师需要编写代码、反复调试，工业机器人才有可能满足生产线的任务需求。

大模型可以在工业机器人开发和应用方面发挥重要作用。以阿里云的探

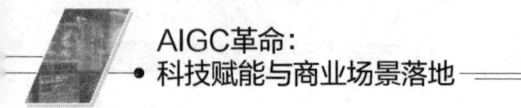

索为例，在工业机器人开发阶段，工程师能够通过通义千问大模型生成代码指令，更加便捷地进行工业机器人功能的开发和调试。同时，通义千问大模型能够帮助工业机器人生成一些全新功能，如对抓取、移动等能力进行自主编排，使其能够完成更加复杂的任务。

在实际应用中，通义千问大模型能够为机器人提供推理决策能力。工人只需要输入相应的文字，通义千问大模型就能够理解其意图，并将文字内容转化为工业机器人可以理解的代码，进而顺利执行任务。这能够大幅提高工业机器人的工作效率。

阿里云已经启动"通义千问伙伴计划"，将在未来为加入的伙伴提供大模型服务与产品支持，推动大模型在不同行业的应用。在工业制造领域，阿里云凭借通义千问大模型，为企业提供智能解决方案，助力企业优化生产流程，实现高效生产。

8.3　AIGC融入虚拟数字人

虚拟数字人能够以可交互的虚拟形象为用户提供各种服务，目前，虚拟数字人已经在直播、客服等多领域实现了应用。有了AIGC的加持，虚拟数字人将更加智能，应用领域也将进一步拓展。

8.3.1　AIGC助力虚拟数字人打造

在虚拟数字人打造方面，AIGC能够为虚拟数字人的创建、能力的打造等提供支持，使虚拟数字人具备灵活的交互能力与强大的内容创造能力。

虚拟数字人的打造涉及原画设计、建模、渲染等流程，有卡通、写实等不同风格，制作成本与周期各不相同。要想打造出一个完善的虚拟数字人，需要采用多种技术。而随着 AIGC 技术的发展，虚拟数字人的打造方式得到简化，变得更加高效。

AIGC 技术能够实现不同风格形象的快速生成，节省了在原画设计、建模等环节投入的时间与成本，提升了打造虚拟数字人的效率。同时，基于底层大模型能力，虚拟数字人能够以虚拟助手、虚拟客服等身份在智能大屏、小程序、手机 APP 等多种场景实现应用，满足多行业的个性化应用需求。

在虚拟数字人打造方面，华为云推出盘古数字人大模型，帮助用户快速生成虚拟数字人。基于盘古大模型底座，盘古数字人大模型具备强大的计算能力与深度学习能力，能够生成智能化虚拟数字人。智能生成的虚拟数字人具有自主思考、情感表达等能力，能够与用户进行高度智能的交流。例如，其能够倾听用户的倾诉，理解用户的感情，并以情感化的方式进行回应；能够回答科技、娱乐等多领域的问题，根据用户提问给出准确的回答。

盘古数字人大模型将推动虚拟数字人领域的发展，改变人们的生活。基于强大的生成能力，未来，虚拟数字人能够成为企业的智能助手，助力企业决策与客户服务；能够成为用户的学习助手，为用户提供个性化的学习指导。

8.3.2　AIGC 助力虚拟数字人应用

近年来，具有多样化虚拟形象、能够完成多种交互的虚拟数字人受到市场追捧，在游戏娱乐、教育培训、品牌营销等多领域实现了应用。AIGC 的

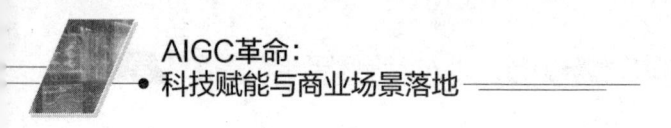

融入，能够为虚拟数字人的发展提供助力，推动虚拟数字人落地应用。

AIGC对虚拟数字人的赋能表现在两个方面。一方面，AIGC能够提高虚拟数字人的交互能力，文本交互、图片交互、音视频交互等皆可实现，能够为用户带来多模态交互体验。另一方面，AIGC能够助力虚拟数字人的创建、驱动、内容生成等全流程。传统虚拟数字人的生成需要经过CG（Computer Graphics，计算机图形学）建模、自然语言交互设计等多个流程，成本较高。而AIGC能够实现虚拟数字人一站式生成，降低制作成本。

同时，基于AIGC的助力，虚拟数字人可以应用到更广泛的领域，未来有望从虚拟偶像、虚拟主播等核心领域向教育、医疗等多个行业渗透，以人性化的交互方式助力更多行业降本增效。

在AIGC的浪潮下，许多厂商都在寻找虚拟数字人与AIGC结合的切入点。例如，虚拟技术服务商世优科技表示，旗下虚拟数字人业务已经接入ChatGPT，并在虚拟数字人模型个性化训练方面不断探索；聚焦新媒体技术研发和数字服务的上海风语筑文化科技股份有限公司尝试给旗下虚拟数字人接入ChatGPT，以提高虚拟数字人的识别能力与内容更新能力。

未来，AIGC将发展成为构建虚拟数字人的基础架构，降低虚拟数字人的研发和推广成本，提高虚拟数字人的交互能力，促进虚拟数字人的发展。AIGC将带动虚拟数字人的发展，实现虚拟数字人与更多领域的融合。

8.3.3 标贝科技：携手幻影未来打造虚拟数字人

AIGC的发展推动了虚拟数字人的优化升级，虚拟数字人的智能性大幅提升，为用户带来沉浸式的交互体验。

在虚拟数字人打造方面，AI公司标贝科技有限公司（简称"标贝科技"）与虚拟数字人服务提供商深圳幻影未来信息科技有限公司（简称"幻影未来"）达成合作，双方将共同推进虚拟数字人研发。

在此次合作中，双方借助标贝科技的数据能力、深度学习能力、AI语音技术以及幻影未来的虚拟数字人制作、研发能力，打造了更加智能的虚拟数字人产品"幻真"。

基于AI语音技术，标贝科技能够为虚拟数字人提供音色定制服务，实现合成音色定制、个性化声音复刻等，让"幻真"能够以自然的声音与用户进行交互，打造沉浸式互动体验。

凸显虚拟数字人的差异化优势是标贝科技打造虚拟数字人的重要着眼点。标贝科技在智能语音交互领域深耕多年，基于语音大模型迁移学习、深度神经网络Transformer等，打造了个性化的语音定制方案，提供标准化音色定制、语音复刻等服务，并提供多样化的声音选择。

例如，在企业客服场景中，智能客服能够以亲切、自然的声音拉近与用户的距离；智能音箱能够与用户进行充满感情的个性化交互；在游戏中，NPC具有个性化的音色，给玩家带来更强的沉浸感。凭借强大的AI技术优势，标贝科技音色定制服务在多领域实现了落地。

标贝科技与幻影未来携手打造虚拟数字人，提供音色定制服务，能够使虚拟数字人在语音交互方面更具表现力和场景适应能力。标贝科技始终致力于借助AI技术赋能企业，在AIGC的大趋势下，标贝科技将持续加深技术探索，为打造AIGC虚拟数字人助力。

第 9 章
AIGC+协作办公：革新智能化办公体验

随着微软、钉钉将 AIGC 能力整合到自身产品中，协作办公领域掀起 AIGC 热潮。AIGC 能够融入多个办公场景，优化企业管理系统，推动办公场景与办公方式的重塑。当前，不少企业已经在这方面进行了探索，推动旗下办公软件实现智能化变革。这将更新用户的办公体验，实现智能化办公。

9.1 AIGC 融入办公多场景

AIGC 已经融入办公领域的多个场景，如邮件管理、代码开发，实现了广泛的应用，为用户带来了智能化办公体验。AIGC 以其强大的智能处理能力，助力用户提升办公效率，更加便捷、高效地办公。智能化的办公模式将推动办公领域的创新发展，带领用户步入更加美好的未来。

9.1.1 助力邮件智能管理

在办公场景中，企业内部的沟通、与用户的沟通等往往都会通过邮件进行。AIGC 能够在以下几个方面帮助用户实现邮件智能管理，优化办公体验。

（1）实现邮件的智能分类。AIGC 可以对邮件内容进行阅读与分析，并按照内容相关程度对邮件进行智能分类。人工进行分类往往需要耗费许多时间与精力，而在 AIGC 的帮助下，邮件分类将变得更为便捷、智能化。

（2）实现邮件的智能撰写。AIGC 能够分析邮件内容和用户回复的历史邮件，根据用户的语言风格智能撰写邮件。

（3）实现邮件的智能回复。AIGC 能够成为用户的个人助手，帮助用户及时回复邮件、提醒用户重要事件等，提高用户的工作效率。

谷歌在邮件智能管理方面已经做出了探索，利用 AIGC 实现了邮件智能撰写、回复和管理。借助 AIGC 技术，谷歌邮箱 Gmail 具备多种智能化功能，如图 9-1 所示。

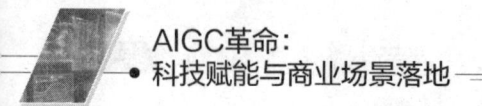

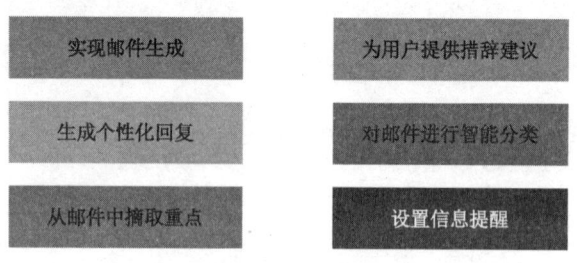

图 9-1　谷歌邮箱 Gmail 的 6 种功能

1. 实现邮件生成

Gmail 可以进行邮件生成，根据简单的语句创建邮件草稿。用户只需在输入框输入一句提示语，Gmail 便可以在短时间内输出一封电子邮件，甚至可以选择不同的写作风格，如专业、商务、时尚等。Gmail 还能够对用户的历史回复进行分析，提取细节，填补邮件上下文的空白。

2. 为用户提供措辞建议

Gmail 具有智能撰写功能，能够在用户书写邮件时为其提供措辞建议。用户只需要点击 Tab 按键便可接受 Gmail 的建议，并将这些建议整合到邮件中。同时，智能撰写功能支持多种语言，包括英语、西班牙语等，打破语言障碍，为用户提供便利。

3. 生成个性化回复

Gmail 搭载了先进的机器学习技术，能够对用户之前的回复邮件进行学习，以生成个性化的回复。例如，用户收到朋友生日宴会的邀请，Gmail 不会简单地回复"参加"或"不参加"，而是回复"祝你生日快乐，我会参加"或者"太棒了，我一定参加"等拟人化的表述。

4. 对邮件进行智能分类

Gmail 具有标签式收件箱的功能，能够整理邮件并将其分类，方便用户浏览。在此基础上，用户可以根据自身需要对邮件分类进行调整。

5. 从邮件中摘取重点

Gmail 具有摘要卡功能，能够帮助用户从繁杂的邮件信息中提取重要内容。摘要卡功能结合了启发式算法和机器学习算法，能够在邮件中寻找信息，为用户总结重点信息。在寻找到重要信息后，邮件最上端会出现一张信息卡，上面标记了邮件的重点内容，用户无须浏览所有信息。

6. 设置信息提醒

Gmail 能够提醒用户回复重要邮件，避免用户遗漏电子邮件。Gmail 会将用户没有回复的邮件置顶，并注明收到邮件的时间，询问用户是否要回复。例如，Gmail 会在某封没有回复的邮件旁显示"2 天前收到的邮件，需要回复吗"的提示信息。

总之，AIGC 能够从多方面实现邮件智能管理。未来，随着 AIGC 技术的迭代和应用的拓展，智能邮箱将具备更多智能化功能，助力用户实现邮件的个性化管理。

9.1.2 办公软件智能化变革

AIGC 与办公软件的结合能够大幅提升办公软件的智能化程度，为用户带来智能办公体验。当前，办公软件领域的一些企业正在推进这种变革。

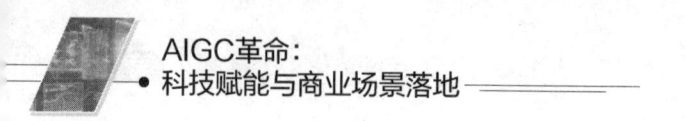

金山办公是我国办公软件领域的佼佼者，旗下有 WPS Office、金山文档和稻壳等多个办公软件。在探索 AIGC 与办公结合的过程中，金山办公基于 AI 算法研发出多款智能办公助手，不断提升办公产品的智能程度。同时，金山办公还积极探索基于 AIGC 的人机交互技术，并将这种技术在文档翻译、语音转换、辅助写作等场景落地，提升用户的智能办公体验。

除了金山办公外，北京字节跳动科技有限公司（2022 年更名为北京抖音信息服务有限公司）旗下的办公协作平台飞书也在 AIGC 领域进行探索，推出了智能 AI 助手——My AI。My AI 是一个基于自然语言处理技术的新一代 AI 助手，能够推动办公软件行业智能化变革。

My AI 具有多种功能，包括语音识别、语音理解和智能问答等。其可以帮助用户解决办公问题，如安排会议、收发邮件、搜索资料等。同时，My AI 具有强大的自适应学习能力，能够依照用户的需求对自身进行升级，不断优化自身的功能，为用户提供更加优质的个性化服务。

My AI 的优势明显，可以在节省人力成本的前提下提高员工的办公效率和工作质量，还能够对数据进行分析，并做出预测，助力企业做出科学、准确的决策。

总之，AIGC 与办公软件的结合，在创新办公软件的同时进一步提升了办公软件的实用性，能够有效改善用户的办公体验。未来，随着 AIGC 在办公领域更多细分场景的应用，企业办公将变得更加自动化、智能化。

9.1.3 辅助编程，让代码开发更简单

在软件开发过程中，AIGC 能够从多方面赋能开发人员。AIGC 能够对现

有代码库进行学习、分析，生成符合需求的代码，对代码进行优化等。同时，AIGC 还能够及时发现代码存在的问题，并给出解决方案，帮助开发人员把控代码质量。

微软与 OpenAI 联合推出了一款 AI 编程工具——GitHub Copilot，为开发人员进行代码开发提供辅助。GitHub Copilot 主要具有以下功能，如图 9-2 所示。

01 根据自然语言生成代码
02 编程语言翻译
03 代码自动补全
04 提供智能建议
05 智能纠错

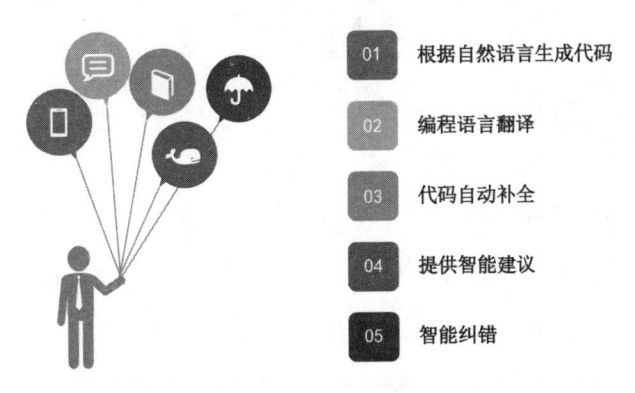

图 9-2　GitHub Copilot 的功能

1. 根据自然语言生成代码

开发人员在 GitHub Copilot 的编辑器中输入描述，编程工具会根据描述生成相应的代码。GitHub Copilot 能够节约开发人员编写代码的时间，代码编写变得更加简单，效率更高。

2. 编程语言翻译

GitHub Copilot 能够将开发人员提供的代码翻译成其他编程语言。基于此，开发人员可以使用自己擅长的编程语言进行问题描述，而无须掌握多种编程语言。

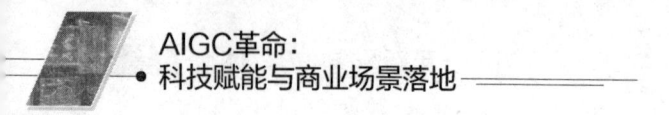

3. 代码自动补全

GitHub Copilot 能够依据已有的代码和上下文,自动补全下一段代码,帮助开发人员快速生成代码。

4. 提供智能建议

GitHub Copilot 能够依据常见的编程方式为开发人员提供建议,有利于开发人员更好地编写代码,提高代码质量。

5. 智能纠错

GitHub Copilot 能够对代码进行自动检测,并纠正错误代码,提高代码的质量和开发人员编写代码的能力。

虽然 GitHub Copilot 并不能完全代替开发人员,但其可以作为辅助工具完成许多重复性、琐碎的工作,缩短代码编写的时间,使开发人员编写代码的效率更高。

AIGC 能够极大地降低编程的门槛,将开发人员从重复的编程工作中解放出来,使开发人员有更多精力提升自身的编程能力,开发出更具创新性的软件。

9.2 与管理系统结合,提升效率

AIGC 能够与 OA(Office Automation,办公自动化)系统、ERP 系统等企业管理系统结合,优化管理流程和协作流程,实现流程的高效运作,提升企业运转效率。

9.2.1 与 OA 系统结合，让运行更加高效

OA 系统是企业实现自动化办公的重要工具，具有以下几个作用。

（1）能够简化文件传阅审批流程，实现高效、规范化的文件管理。

（2）便于员工检索查阅信息，能够实现信息共享。

（3）提升企业内部的监控能力，有效提高企业的行政管理水平。

（4）提高员工的工作效率，优化团队协作模式。

（5）推动办公自动化，打造科学的管理模式。

OA 系统的应用场景较为丰富，主要有 3 个方面，分别是办公、管理和业务。在办公方面，OA 系统通过集成会议系统、移动通信软件以及第三方办公软件，实现信息共享、跨平台办公处理，有效提高办公效率。在管理方面，OA 系统可以通过集成客服管理系统、考勤系统和资产管理系统等，对企业进行多方面的管理，使企业内部管理变得更加智能。在业务方面，OA 系统可以简化财务审批、业务办理等流程，满足不同业务的发展需要。

AIGC 与 OA 系统结合，可以有效简化 OA 系统的操作方式。OA 系统的应用范围十分广泛，能够有效连接企业中后台的所有门户。但同时，OA 系统的应用复杂程度很高，操作体验相对较差。而有了 AIGC 的支持，OA 系统可以以自然对话的方式与员工交互，省去大量人工操作的环节，有效推进工作进度。

AIGC 可以为 OA 系统提供更加高效的沟通协作方式，提高协同办公的效率。例如，在传统的 OA 系统中，员工想要上传一份技术支持请求，应该确认

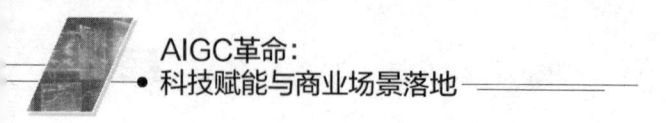

该请求的类别并创建相应的工单，再由系统将工单分发给技术支持团队。对于不懂技术的员工来说，这一套流程十分复杂。

而 OA 系统接入 AIGC 能力后，员工可以使用自然语言描述问题，AIGC 会对员工输入的内容进行分析，并自主判断请求类型，生成相应的工单分发给对应的团队。AIGC 还能够在技术团队处理问题时及时更新进度，有利于实现内部的有效沟通。

例如，摩根士丹利利用 GPT-4 大模型打造了一个 AI 机器人。该 AI 机器人能够管理企业的知识，员工搜索资料时无须手动检索，而是向 AI 机器人提问，AI 机器人会自动搜索相关内容并输出。

未来，OA 系统与 AIGC 相结合的交互界面将取代传统的 OA 门户界面，OA 系统将成为连接企业中后台应用、数据与内容的生态入口。

9.2.2 与 ERP 系统结合，让管理流程智能化升级

ERP 系统是企业运营管理的重要工具。ERP 系统与 AIGC 的结合，将形成全新的系统，实现 AIGC 技术在企业各业务流程中的应用，提高企业运营效率，降低企业运营成本。

ERP 系统与 AIGC 结合具有两方面的优势。一方面，ERP 系统往往存在数据孤岛与流程割裂的问题，许多环节都需要人工进行手动操作。而 ERP 系统与 AIGC 结合后，员工与系统之间能够进行深入交互，系统可以自动完成一些操作。员工可以向系统提出自身的需求，系统能够在理解员工需求的基础上按照流程办理业务，有效提高系统的运行效率并优化员工的使用体验。

另一方面，ERP 系统与 AIGC 结合能够优化企业经营战略。ERP 系统包

含的信息十分丰富，如财务数据、销售数据、库存数据、生产数据等。AIGC可以对这些数据进行分析，提供销量预测、库存优化等方面的建议，为企业管理者做出决策提供辅助。

ERP系统与AIGC结合具有广阔的应用前景。对于制造企业来说，在进行复杂的供应链管理、生产管理时，可以借助融入AIGC的ERP系统协调采购与生产计划、进行生产过程与库存变动的监控等，更好地把控供应链与生产运作。对于咨询企业、律师事务所等服务型企业来说，服务质量直接关系到客户的满意度。这些企业可以利用融入AIGC的ERP系统快速响应客户需求，实现高效的运营与管理。

总之，ERP系统与AIGC结合能够提升系统的智能性，让系统在企业管理中发挥更大作用。企业可以基于AIGC技术对自身ERP系统进行升级，实现更加智能的管理。

9.3 企业加深智能办公应用探索

在AIGC浪潮下，很多企业纷纷加深在智能办公应用方面的探索，通过引入第三方AIGC应用、自主研发大模型等方式，不断提升办公智能化水平，实现更为高效、便捷的办公。

9.3.1 引入ChatGPT，升级办公应用

作为AIGC的典型应用，ChatGPT的功能很丰富，在许多行业实现了落

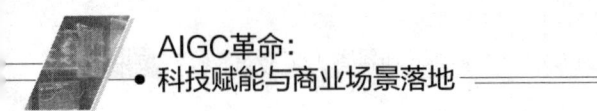

地。在办公领域，一些企业积极接入 ChatGPT，以 ChatGPT 赋能自身业务发展。例如，深圳市蓝凌软件股份有限公司（以下简称"蓝凌"）将 ChatGPT 接入旗下办公应用"蓝博士"中，提升了应用的智能性。

在"蓝凌数智化工作平台体验大会"上，蓝凌向用户展示了蓝博士的功能。基于 ChatGPT 的支持，蓝博士能够作为智能客服书写文案、编写代码、搜索知识、与用户进行语音交互等。

蓝博士可以应用于代码书写、检验，并生成 HTML（Hyper Text Markup Language，超文本标记语言），在与用户的交互中便能够完成工作。在文案方面，蓝博士可以撰写营销软文、广告文案、活动简讯等，并能够快速生成创意想法；在智能对话方面，蓝博士能够对用户的问题进行分析，并生成相应的回答。此外，企业还可以在使用蓝博士时上传资料，打造专属语料库。

蓝凌一直致力于打造数智化办公新引擎，经过多年的迭代与实践，蓝凌 MK 数智化引擎已经具备先进的技术架构、成熟的应用实践和开放的生态。蓝凌搭建了云原生微服务架构，提升了行业的敏捷性与创新性。蓝凌与安信、OPPO 等企业合作，展现了自身产品的可靠性。

蓝凌 MK 数智化引擎不仅能接入 ChatGPT，还能接入通义千问、文心一言等大模型。在蓝凌数智化引擎的支持下，企业的办公效率得到大幅提升。

9.3.2 自主研发大模型，打造智能办公应用

除了引入 ChatGPT 外，一些办公领域的企业也尝试自主研发大模型，并基于大模型更新办公应用。

例如，北京印象笔记科技有限公司（以下简称"印象笔记"）自主研发针

对办公领域的轻量化大模型"大象 GPT"。大象 GPT 能够对知识管理与办公协作场景进行优化，根据不同用户的不同需求为其提供不同的大语言模型。基于大象 GPT，印象笔记打造了 AIGC 产品"印象 AI"。印象 AI 功能强大，能够生成作文、媒体采访稿、广告文案等，还能够基于用户提问，生成合适的回答。

在写作方面，用户输入"以'学习今说'为题写一篇不少于 800 字的议论文"，印象 AI 就能够快速生成文章。印象 AI 的页面中有"完成"与"继续写作"两个选项，如果用户点击"继续写作"并提出要求，印象 AI 能够根据上文继续进行内容生成。印象 AI 还有总结与简化语言的能力，虽然在测试中印象 AI 每次生成的简化后的内容都不同，但基本上没有事实性错误。

印象 AI 能够辅助用户进行新闻采写。例如，用户向印象 AI 提问"请列出采访印象笔记需要询问的问题"，印象 AI 迅速给出 10 个问题，包括"印象笔记计划对人工智能的研究进行哪些投入呢""印象 AI 的算法是如何设计的"等。

印象 AI 的交互设计十分独特，没有问答界面，而是为用户提供了许多场景选项。印象笔记官方认为，问答并不一定是 AI 与用户交互的最好方式。用户在已有的模板中进行选择，有利于顺利开启对话，更能够清晰地表达自身的诉求。未来，印象 AI 的交互菜单将会偏向私人定制化，满足用户的多元化需求。例如，对于传媒从业者，新闻稿与采访稿生成将会放到菜单的最前面。

印象 AI 会收集用户输入的内容与指令，用于模型训练。印象 AI 还会充分考虑用户的感受，根据用户的意见进行迭代，以生成丰富多样的高质量回答。此外，印象 AI 还结合印象笔记"个人知识库"的概念，利用用户的数据进行训练，为用户构建专有模型，更好地为用户服务。

印象笔记官方认为，印象 AI 本质上是一个统计模型，用户可以将其作为一个辅助工具。例如，用户需要书写采访稿，可以利用印象 AI 生成草稿。但对于特别专业的问题，用户应该判断答案的准确性，而不能期望印象 AI 完全代替自身。未来，印象笔记将会持续对印象 AI 模型进行微调，满足用户的多种需要，为用户提供高效的交互方式。

9.3.3 科技公司以 AIGC 能力为办公赋能

除了办公领域的企业外，科技公司也是推动 AIGC 在办公领域落地的重要力量。例如，科大讯飞发布了讯飞星火认知大模型，并展示了其在办公领域的应用前景。

在发布会上，科大讯飞演示了星火认知大模型在语音输入、实时互动、文本生成、语言理解等方面的能力。在科大讯飞的不断努力下，星火认知大模型在文本生成、知识问答、数学能力 3 个方面超越了聊天机器人 ChatGPT。科大讯飞计划与众多开发者合作，共同推进星火认知大模型的发展，构建完善的大模型生态。

2023 年，科大讯飞的大模型技术持续升级。2023 年 6 月，科大讯飞升级大模型的开放式问答与多轮对话能力；2023 年 8 月，科大讯飞升级大模型的代码生成与多模态交互能力，能够为更多开发者提供助力；2023 年 10 月，科大讯飞实现通用模型对标 ChatGPT，并在教育、医疗等领域做到业界领先。

在办公方面，讯飞星火认知大模型实现了"大模型+智能办公本"的结合。讯飞星火认知大模型能够总结会议内容，生成会议纪要，进一步提升办公效能。在办公场景下，用户可能会面临稿件阅读困难、会议纪要整理耗费精力等问题。为了解决这些问题，搭载了讯飞星火认知大模型的讯飞智能办公本升级了会议纪要、语篇规整两个功能。

在会议纪要方面，讯飞智能办公本能够将语音实时转写与墨水屏纸感书写相结合，依据会议内容形成精简的会议纪要，有利于用户快速回顾会议内容。在语篇规整方面，讯飞智能办公本不仅能够进行会议录音并将录音实时转写为文稿，还能过滤掉文稿中口语化的词汇并进行润色。

科大讯飞认为，人工智能的发展离不开行业内每个人的努力，而不能仅依靠单个企业或机构的努力。对此，科大讯飞在其开放平台上增添了星火认知大模型，帮助开发者打造更有价值的 AI 应用。科大讯飞开放了 500 多项 AI 能力，吸引了百万生态合作伙伴。多家企业与科大讯飞合作，在日常业务中接入讯飞星火认知大模型，共同打造大模型生态。未来，科大讯飞将从多维度进行资源供给，赋能各行各业的开发者，推动大模型在更多场景落地应用。

第 10 章

AIGC+广告营销：打造营销新范式

当前，文生图、文生视频等 AIGC 功能已经在广告营销领域得到应用，推动了广告营销模式的迭代。AIGC 能够融入广告营销各环节、渗透到各领域，变革营销产品，优化营销流程，打造高效、简洁的营销新范式。

10.1 AIGC 融入营销，助力营销内容创作

AIGC 能够生成营销创意与个性化营销内容，从多方面助力营销内容创作。此外，垂直化营销大模型的出现更加凸显了 AIGC 在营销领域的价值，AIGC 有望全方位赋能图文、视频等多种营销内容创作。

10.1.1 帮助企业寻找营销创意

在营销领域内容爆发、竞争激烈的背景下，企业的营销压力不断增加。为了吸引更多关注，企业需要耗费大量时间与精力寻找、打磨营销创意，营销成本大幅提高。而 AIGC 能够帮助企业生成营销创意，提高营销效率，降低营销成本，并带来营销方式的变革。

作为 AIGC 技术的探索者，百度基于技术优势，打造了营销创意平台"擎舵"。擎舵可以从文案、图像和数字人视频生成 3 个方面出发，在保证营销效率的同时生成高质量、定制化的营销创意，构建营销新生态。

真人出镜拍摄广告流程复杂、耗时长、成本高，需要经过策划、选人、拍摄、后期制作等环节，难以实现规模化复制。对此，擎舵打造了 AI 数字人生成平台，在采集数据后便可生成数字人分身和口播视频。

AI 数字人生成平台制作视频的步骤十分简单，仅需 3 步：首先，用户输

155

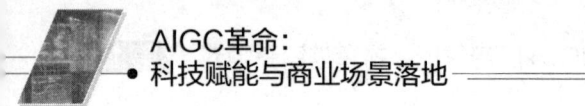

入产品的特色、宣传点等，生成口播文案；其次，用户选择心仪的数字人进行视频创作；最后，用户选择模板并添加文案，即可获得一条视频广告。

例如，贵州仁怀大国古将酒业有限公司没有专业的团队制作营销视频，平均一个月更新不到 1 条视频，而在使用 AI 数字人生成平台后，一小时内便可以制作 6 条视频，有效提高了营销视频产出效率。

当前信息泛滥，想要产出使用户眼前一亮的文案并不容易，而在擎舵的助力下，企业可以激发自身的商业潜力。擎舵能够生成优质创意，融合图像、语音、数字人等技术生成定制化营销内容，提升企业的营销效率。

擎舵在内测阶段广受好评，与多家企业展开了深度合作，共同探索创意营销新玩法。未来，百度将会以大模型持续赋能营销行业，打造满足企业需求的创意营销平台，以技术为创意营销提供无限可能。

10.1.2　产出个性化营销内容

除了帮助企业生成营销创意外，AIGC 还能够产出个性化的营销内容，帮助企业实现精准营销。在这方面，企业云端商业及营销方案提供商微盟推出了 AIGC 营销产品"WAI"，助力电商商家开展营销活动。

WAI 聚焦电商商家这一用户群体，上线了短信模板、商品描述、直播口播稿、公众号文章、短视频带货文案等 20 多个实际应用场景，为商家进行市场营销助力。

围绕"释放全新生产力"这一目标，WAI 具备多种优势，可以实现自然语言生成、SaaS 融合、聚合应用等，通过多样化的能力，覆盖商家经营全场景。同时，WAI 预设了有针对性的模型输出模板，零基础的商家也可以使用 WAI 开展营销活动。

在发布会现场，微盟演示了 WAI 的强大能力。在助力商家开店方面，WAI 能够实现启动页快速生成、模特试穿图生成、店铺文案生成等，节省商家开店的时间。WAI 具有自动生成营销脚本的能力，可以实现公众号图文创作与封面生成、多种直播风格的直播脚本创作、推广文案生成等。同时，WAI 操作简便，商家很快就能上手。

微盟在发布会现场演示了 WAI 为某品牌生成的"618"线上活动营销方案。WAI 结合该品牌的特色、"618"活动场景、该品牌的产品等，生成了具有针对性且契合品牌需求的线上活动营销方案。

微盟表示，WAI 正处于快速迭代中。微盟旗下微商城、企微助手等 SaaS 产品已经接入 WAI，以满足商家在电商运营中的内容创作、营销推广等需求。未来，结合微盟在营销全链路中丰富的 SaaS 产品和服务，WAI 将在更多场景中落地，助力商家释放生产力。

微盟的探索展示了 AIGC 在营销领域的巨大应用潜力。未来，AIGC 有望通过便捷的应用、与 SaaS 产品融合等，实现在营销领域的大范围落地。除了生成营销创意外，AIGC 还可以深入营销的多个环节，如网店设计、日常运营、营销活动方案设计、售后服务等，为商家提供全方位的助力。

10.1.3 营销大模型为企业营销助力

大模型是 AIGC 能力实现的底层支撑。在营销领域，一些企业尝试通过寻求合作，打造专业的营销领域大模型，并开发相关智能营销产品。

例如，2023 年 3 月，综合型广告传媒企业三人行广告传媒有限公司（以下简称"三人行"）宣布将携手科大讯飞，共同开发营销大模型以及 SaaS 化

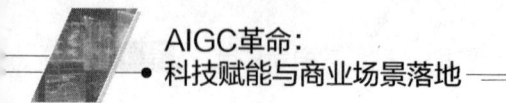

部署智能营销软件。

在科技飞速发展的时代，大模型给营销行业带来了重大变革，推动营销行业快速发展。三人行积极拥抱新技术，在大模型领域抢先布局，以实现降本增效。三人行与科大讯飞进行了深度合作，利用科大讯飞的技术优势与产品优势赋能自身，实现共同发展。

在与科大讯飞的合作中，三人行共享其深耕行业多年总结出的营销方法论，展现出强大的市场推广能力。科大讯飞也积极推进与三人行的合作，共享其行业领先的人工智能技术，共同拓展营销边界，以大模型赋能营销行业的发展。二者共同研发多模态智能营销工具，该工具能够为企业提供 SaaS 服务，帮助企业生成品牌营销战略、海报、文案等，还用于打造可以进行电商直播的虚拟数字人。

随着时代的发展，营销方式发生重大变革。个性化推荐、用户画像等技术能够赋能企业营销，而大模型的出现，将给营销行业带来更深远的影响。

10.2　AIGC 重塑营销生态

AIGC 进入营销领域，将重构营销生态。AIGC 能够变革营销业务，深刻影响电商营销、金融营销等多个营销细分领域，实现营销创新。

10.2.1　五大变革，助推业务发展

AIGC 与营销的结合将从多个方面推动营销业务变革，促使营销业务实现

跨越式发展。具体而言，AIGC对营销业务变革的推动作用主要体现在以下几个方面，如图10-1所示。

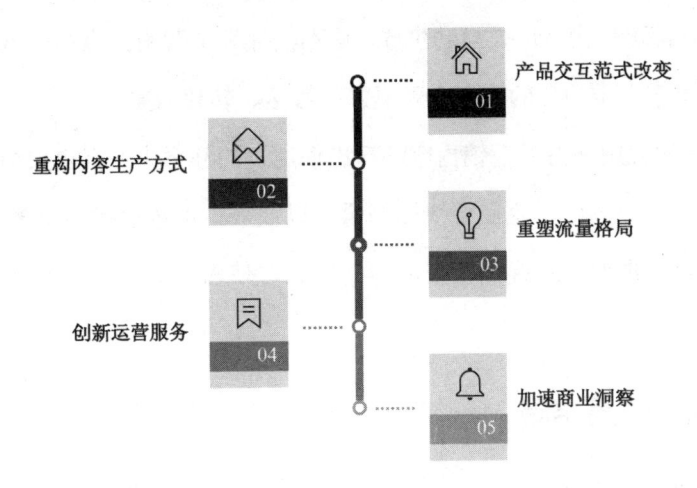

图10-1 AIGC对营销业务变革的推动作用

1. 产品交互范式改变

当前，一些大模型开放了API接口，成为一个通用平台，支持用户调用大模型的各种能力赋能自己的产品。产品接入大模型后，智能性得到提升，促使产品交互范式改变。以往，产品设计按钮和使用界面，目的是满足用户的刚性需求，交互逻辑是用户需要适应产品的功能。而接入大模型后，产品更加智能，能够根据用户需求调用资源为用户提供优质服务。在这种情况下，产品与用户的交互更加主动，更加多样化。

2. 重构内容生产方式

在AIGC未出现之前，营销内容的生产周期较为漫长，企业往往需要咨询专业机构，打造个性化的营销方案。同时，营销方案中每个模块内容的生产

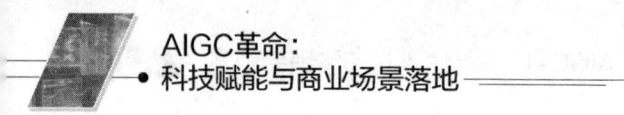

都需要大量的人力与时间，拉长了营销方案产出和执行的周期。而 AIGC 能够重构营销内容生产方式，无论是个性化营销方案，还是营销文案、视频、网页设计等，都可以由 AIGC 自动生成。这不仅提升了营销内容的产出效率，还能够通过"千人千面"的内容实现更好的触达、转化效果。

AIGC 的应用和海量营销内容的产出使用户的注意力变得更加稀缺。在这样的背景下，一方面，企业要快速铺量，以低成本的内容触达更多用户；另一方面，企业也要注意提高营销内容的质量，使内容更具竞争力，以占领用户心智。

3. 重塑流量格局

传统的流量转化形式主要是社交平台向电商平台转化，即用户在社交平台被"种草"后，再去电商平台搜索产品。这种流量转化方式随着 AIGC 的应用被改变。AIGC 提供了新的交互模式，为用户提供个性化的产品推荐方案，对社交平台以及搜索引擎造成冲击。同时，AIGC 与手机助手、智能音箱等多种终端结合，给用户带来更加自然、智能的交互体验，而流量也向这些终端转移。

4. 创新运营服务

在运营服务方面，AIGC 与智能客服结合，个性化、更具情感关怀的一对一服务将成为可能。与以往只能进行短文本处理、简单多轮对话的智能客服不同，接入 AIGC 能力的智能客服具备长文本处理、意图识别、上下文连续对话等能力，能够为用户提供个性化、更有温度的服务。

5. 加速商业洞察

当前，品牌营销的商业洞察集中在文本领域，如基于用户在电商平台、社交平台的评论进行商业洞察。而 AIGC 会颠覆这种商业洞察模式，形成"提出假设—收集信息—产出洞察"的闭环，使敏捷化、自动化的商业洞察成为可能。AIGC 的赋能使得商业洞察的门槛大幅降低，企业的商业洞察能力提高。

AIGC 的爆发将推动营销生产力爆发，推动营销业务、营销模式革新。在这样的背景下，企业需要了解以上几个方面的变化，抓住变革机遇，更好地适应 AIGC 时代。

10.2.2 电商营销方法实现创新

AIGC 给营销领域带来全面、深刻的变革，这种变革渗透到营销领域的各个细分赛道，电商营销领域也不例外。在 AIGC 的赋能下，电商营销方法实现创新，电商营销的智能化程度提高。

在流量入口端，电商平台可以借助 AIGC 实现对海量数据的深度学习，分析用户行为，预测用户可能会被哪些产品吸引，进而生成个性化的产品推荐方案，增强引流效果。例如，当用户搜索关键词"口红"时，AIGC 可以在电商平台中找到与口红相关的各种数据，并结合用户的购买记录和喜好，生成个性化的口红推荐方案。这能够帮助用户快速找到心仪的商品，优化购物体验。

除了流量入口端的变化外，供应端同样会发生变化，如利用 AIGC 生成营销文案、模特图片、营销视频，以及利用 AI 虚拟主播进行营销等。

智能客服是 AIGC 在电商营销领域的重要应用场景。当前，各大电商平台的智能客服并不是十分智能，只能够根据关键词给出提前设置好的答案，难

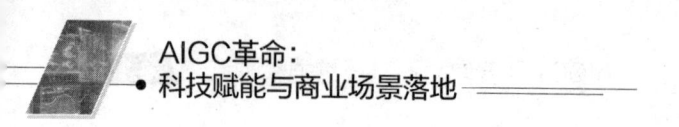

以满足用户的个性化需求。而 AIGC 在语音识别、自然语言理解、人机交互方面都具有优势,能够大幅提升智能客服的智能性。

在 AIGC 的支持下,电商平台能够"懂得"用户的想法和需求,并提供个性化的解决方案。当用户搜索某件商品时,基于 AIGC 的智能导购能够通过语音对话的形式了解用户的需求,并向其介绍商品品牌、性能、型号等,根据用户的喜好向其推荐合适的产品。此外,智能导购还能够对不同品牌的同类商品进行对比、测评,为用户做出购买决策提供依据。在这种贴心的服务下,用户能够减少犹豫和思考时间,更快地做出购买决策。同时,基于 AIGC 的智能分析,电商平台能够主动向用户推荐更加符合其偏好的商品,促进成交,提高用户转化率。

如果用户想要详细了解某件商品,可以与智能导购交流,询问细节问题并获得准确的回答,也可以进入店铺,与其中的智能客服、直播间的虚拟主播等沟通,了解商品的详细信息、优惠活动等。

用户购买完商品后,智能客服会主动询问用户的反馈,并解决用户提出的各种售后问题。例如,用户购买的商品需要商家指导安装,智能客服能够生成商品的安装视频,指导用户逐步安装。此外,对于不同用户对商品的评价,智能客服能够生成个性化的回复,避免回复千篇一律。

总之,基于完善的营销服务流程,用户能够获得更加流畅、自然的购物体验。这降低了用户的决策成本,提高了电商平台的用户转化率。

10.2.3 金融营销迭代,以智慧服务更新用户体验

在金融营销领域,AIGC 能够变革金融营销模式,为用户提供更加智慧的

金融服务。这主要体现在以下 3 个方面。

（1）基于 AIGC 技术和大模型的智能客服将代替人工客服为客户提供智能服务。基于金融行业大模型以及丰富金融数据训练而成的智能金融客服能够与用户进行多轮对话，并根据用户需求给出专业的解决方案。

（2）基于 AIGC 技术，企业能够打造专业的智能金融业务助理，为专业理财顾问、理财经纪人开展工作提供辅助。智能金融业务助理不仅了解行业宏观政策、产品信息、用户需求等，还能够自动生成报告，提供专业的理财建议或方案。

（3）AIGC 具有一键生成营销内容的能力，能够提高金融行业的营销效率。以往，金融服务营销人员需要从海量信息中检索词条，将大量时间用于信息收集、提炼与整合，并进行营销方案设计、营销文案与短视频制作等。未来，内容检索、数据整理、营销内容生成等工作都可以交由 AIGC 完成，通过人机协作提高工作效率。

当前，在 AIGC 与金融服务营销融合方面，不少企业已经进行了探索。例如，依托"言犀"大模型，京东发布了一系列 AIGC 金融产品，进一步提升智能化金融服务的质量与精准性。

在金融营销方面，京东推出了营销助手"AI 增长营销平台"。该平台简化了营销业务的运营流程，减少了人工参与的环节，大幅提升了营销效率。同时，该平台简洁易用，降低了用户学习与操作的成本，提升了操作效率。在该平台的支持下，金融营销活动方案的产出效率提升了上百倍。

在基金理财方面，京东优化了基金筛选流程，推出了"智能选基顾问"。基于大模型在金融领域的知识增强优势，智能选基顾问回答基金筛选问题的准确率达到 90%。同时，其优化了意图识别、多轮对话等沟通环节，提升了用户使用体验。未来，这一产品将向所有金融机构开放，为金融机构的智能

化服务助力。

  基于在支付、保险、消费金融等方面的实践，京东为金融机构打造了一套完善的金融解决方案，包括金融工具、金融数据、运营策略等。该方案可以帮助金融机构完善数智化运营体系，获得增长新动能。

  面向金融机构，京东推出了以用户为中心的增长解决方案——"金融增长云"。金融增长云能够实现消费金融、支付等多种业务的数智化运营，实现用户营销的个性化、精准化，并能够实现智能决策。金融增长云以"咨询+技术+联合运营"的模式提供运营战略咨询服务，为用户提供专业、可落地的运营方案。金融增长云能够帮助金融机构打造数据中台、业务中台、客户中台等数字化底座，提升业务系统的敏捷性。

  在实践方面，京东携手中信银行推出了智慧魔方项目数字化运营中台，连通了业内多个系统，上线了千余条数字化运营策略，覆盖了海量用户。基于该数字化运营中台，金融产品的点击率大幅提升，营销系统向敏捷、智能的方向进化。

  未来，京东将携手更多金融机构加强 AIGC 探索，推动 AIGC 在更多金融场景中的应用落地，促进金融场景与 AIGC 应用的协调，用技术创新为金融业务提速。

10.3 AIGC 变革营销产品，提升转化效果

  通过与智能推荐系统、客服机器人、机器人理财等结合，AIGC 不仅提升

了营销产品的智能性,还极大地提高了营销转化率。企业应积极把握 AIGC 带来的机遇,从多个维度入手,全面革新营销产品,以应对市场的新挑战,实现更高效的营销转化。

10.3.1 与智能推荐系统结合,提升准确性

智能推荐系统是企业营销的重要工具之一。凭借智能推荐系统,企业可以了解用户的偏好、挖掘用户的需求,并有针对性地向其推荐产品。而 AIGC 与智能推荐系统结合,能够提升系统的智能性和准确性,提升营销效果。

通过将 AIGC 的强大能力融入智能推荐系统中,企业能够更精准地把握用户需求,为用户提供个性化的推荐服务。AIGC 具备强大的内容生成和理解能力,可以深度分析用户的喜好、行为和兴趣,从而构建出精细的用户画像。而智能推荐系统则依托先进的算法和模型,根据用户画像进行精准匹配,为用户推荐最符合其需求的产品或服务。

二者的结合使得产品推荐更加智能化和高效化。AIGC 能够不断学习和优化推荐算法,提升推荐的准确性和个性化程度。同时,智能推荐系统能够根据用户的反馈和行为数据,实时调整推荐策略,确保推荐内容始终与用户需求保持高度一致。

这种结合不仅提升了用户体验,也为企业带来了更多的商业机会。通过为用户提供更加精准的推荐服务,企业能够增强用户的黏性、提升用户的忠诚度,提高营销转化率和销售额。

未来,随着 AIGC 技术的不断发展和完善,其与智能推荐系统的结合将更加紧密,为企业带来更加广阔的市场前景和更多商业机会。

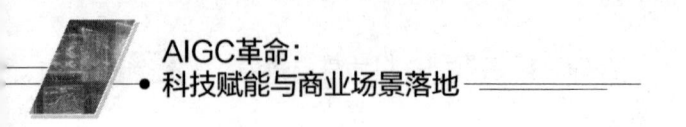

10.3.2　与客服机器人结合,提供丰富服务

AIGC 在营销领域的重要应用场景之一是客服机器人。AIGC 能够提升客服机器人的智能性,为用户提供优质服务。

传统客服机器人有 3 个局限性:一是问答覆盖率较低,拦截率低;二是接待能力有限,服务效率低;三是知识维护量大,成本高昂。

而基于 AIGC 的智能客服能够学习行业知识、企业知识,具备语言理解能力与推理能力,能够理解用户的话语并精准回复。智能客服的回复方式多样,包括图文、表格和链接等。

例如,向传统客服机器人和智能客服提出同一个问题"我想要拍摄一个短视频,应如何拍摄",传统客服机器人可能会列举一些拍摄短视频的方式,而智能客服可能会询问用户拍摄短视频的内容和场景,根据内容和场景为用户推荐合适的方案。

基于 AIGC 的智能客服具有很强的语言理解与分析能力,能够结合上下文理解用户意图并给出合适的回答,而传统客服机器人仅能将用户的问题与知识库中的知识匹配,如果无法匹配,则会告诉用户"该问题还在学习中"。

在数据分析方面,智能客服能够对数据进行整理,工作人员只需提出问题,便可获得具有数据结论的可视化图表。同时,智能客服还能撰写周报和月报,减轻工作人员的工作负担。

AIGC 能够重塑客服的服务方式,引发客服领域的变革。许多企业推出了 AIGC 智能客服解决方案,以抢占更多市场份额。

例如,智能通信云服务商容联云发布了赤兔大模型,持续赋能沟通智能。

赤兔大模型是一个垂直行业多层次大语言模型，能够对智能客服进行重构，产生更多营销价值。企业可以借助赤兔大模型打造专属智能客服，实现降本增效和价值创造。

赤兔大模型功能强大，可以实现 AI 基础能力、语言分析能力、对话能力和人机协同 4 个方面的提升。赤兔大模型能够根据应用场景的不同生成不同的内容，具有一定的针对性，能够提高企业运行效率和客户服务水平。

容联云在结构化数据分析与问答方面有一定的技术积累，其将这些技术应用于搭建赤兔大模型。基于此，赤兔大模型具有强大的分析能力与交互能力，能够应用于多个场景，提供自然的交互式服务。在业务执行方面，赤兔大模型能够提升智能客服的任务型对话管理能力，实现灵活应答。

用户的需求往往复杂多样，为了满足用户的多样化需求，容联云基于赤兔大模型打造了 AIGC"泛服务"应用平台——机器猫。机器猫能够为企业提供多样的生成式智能场景应用，助力企业实现服务数智化。

机器猫为企业提供的生成式智能应用首先在 4 个场景落地，分别是客户联络、业务协作、AI 辅助和智能洞察。

在客户联络方面，机器猫能够应用于多个场景，有效降低人工成本，提升用户体验；在业务协作方面，机器猫拥有智能分配、智能填写等能力，能够降低运营成本，减少客诉数量；在 AI 辅助方面，机器猫赋能 AI 辅助，能够快速、高效地帮助企业解决管理难题，提升销售业绩；在智能洞察方面，机器猫能够为企业提供各种各样的分析模型，对各类数据进行分析，帮助企业做出决策。

如今，智能客服市场竞争十分激烈，企业只有不断提升自身的技术能力，才能够更好地服务用户。而 AIGC 的出现能够持续赋能智能客服，提升智能客

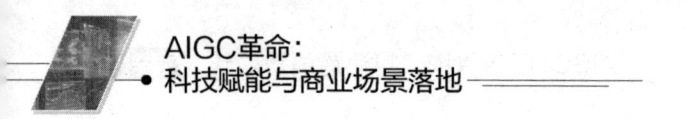

服的智能程度，拓展智能客服的应用场景，为用户带来更好的体验。

10.3.3 与机器人理财结合，给出科学投资建议

在金融营销领域，AIGC 能够与机器人理财相结合，打造更加智能的投资顾问，即智能投顾。投资顾问需要根据不同客户的需求，并结合专业知识，给出科学的投资建议。而 AIGC 能够提升投资顾问的自然语言理解能力、专业策略生成能力、互动能力等，提升投资顾问的智能性。

例如，在推销金融产品时，投资顾问能够综合客户的财务状况、家庭构成、投资需求等，以及金融产品的投资费用、收益、不同金融产品的组合搭配等专业知识，为客户提供科学的投资建议。

AIGC 能够为智能投顾带来哪些可能？金融领域海量的多模态数据能够在大模型的助力下实现全面利用，产出更科学的分析结果，提升智能投顾的服务能力。客户情况分析、投资策略研究、金融产品筛选、资产配置等多个环节都将受益。

当前，已经有一些企业基于 AIGC 技术推出了智能投顾平台、金融智能助手等。例如，恒生电子发布了智能投研平台"WarrenQ"和金融智能助手"光子"。

其中，智能投研平台 WarrenQ 推出了两款应用：WarrenQ-Chat 和 ChatMiner。WarrenQ-Chat 基于大模型的搜索能力和金融数据库，可以轻松实现智能搜索，并给出专业的答案。用户与 WarrenQ-Chat 的所有互动都可以通过对话实现。WarrenQ-Chat 基于海量数据进行训练，生成的所有答案都支持文本溯源，还可以生成专业的金融报表。ChatMiner 基于大模型和金融数据库

而构建，支持用户指定文档并进行干货提炼、要点挖掘等，从而实现文档快速定位。

恒生电子推出的金融智能助手"光子"也展现出了很强的智能能力。在投顾场景中，"光子"能够在与客户沟通的过程中给出更加准确的信息。例如，当客户询问某只股票的价格时，"光子"会根据客户以往关注的产品收益区间、产品类别、交易频次等，将相关的股票信息、报告等推送给客户。

此外，当客户在沟通过程中带有情绪时，"光子"会识别客户的情绪，从而给出个性化的回复。例如，当客户表现出失望、焦虑等负面情绪时，"光子"会耐心安抚客户的情绪，并给出科学的投资建议。

未来，随着 AIGC 技术的发展，其在智能投顾领域的应用将变得越来越普遍。这能够提高金融机构的服务能力，满足客户的个性化需求。

第11章

AIGC+智能制造：帮助生产降本增效

在智能制造领域，基于专业化工业大模型的支持，AIGC 能够在制造多环节、多领域落地，优化企业生产管理，提升生产效率与质量，推动企业降本增效。

11.1 工业大模型是提供 AIGC 能力的底座

当前,聚焦制造行业的工业大模型成为企业进行 AIGC 布局的重要方向。工业大模型具备强大的 AIGC 能力,为 AIGC 在智能制造领域的应用提供坚实的技术底座。

11.1.1 聚焦制造行业的工业大模型涌现

随着自然语言处理、深度学习等技术不断进步,大模型呈现精细化的发展态势,行业大模型成为大模型发展的一个重要方向。在工业领域,聚焦工业场景的工业大模型涌现,具备更加专业的生成能力。

工业大模型和通用大模型的区别表现在以下几个方面。

(1)在数据预处理方面,通用大模型通常采用通用的方法和流程。但在生产制造场景中,数据的质量、特征等对模型的性能产生很大的影响。因此,工业大模型的构建需要针对生产制造场景进行定制化的数据预处理。

(2)在模型训练方面,通用大模型基于大规模的标记数据进行训练,同时需要高性能计算设备的支持。而生产制造场景中可标记的数据有限,且数据更新较快,因此,工业大模型需要通过在线学习和增量训练的方法,适应数据更新的速度。

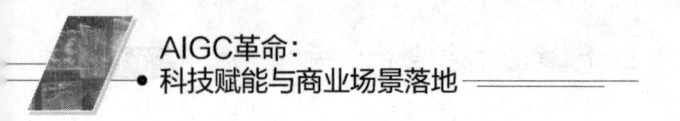

(3）在部署方面，通用大模型的部署往往是离线的，而工业大模型需要迅速响应实时请求，具备较强的并发处理能力。因此，工业大模型的部署需要考虑模型的轻量化、时效性。

不同于通用大模型，工业大模型需要充分考虑生产制造场景的特殊需求，并提供相应的解决问题的能力。通过定制化的数据预处理、增量训练、高效部署等，工业大模型可以帮助制造企业提升效益，形成竞争优势。

当前，工业大模型处于快速发展中，具有光明的前景。工业大模型的发展主要呈现以下几种趋势。

（1）模型规模增长。随着计算能力的提升和可用数据的增多，工业大模型的规模将持续增长。未来，更加复杂、规模更加庞大的工业大模型将出现，具备更强大的学习能力和多样化的功能。

（2）跨模态学习。未来，工业大模型将涉及更多模态的数据，包括文本、图像、语音等。基于对多模态数据的学习和推理，工业大模型将具备更强大的理解能力和决策能力。例如，在工业生产中，工业大模型可以处理自然语言描述、图像数据、传感器数据，自动化程度更高。

（3）多模型协同。未来，单一的工业大模型可能难以满足生产制造的所有需求，因此，多模型协同将成为工业大模型的发展趋势。多个工业大模型集成为一个整体，其中的每个工业大模型都可以发挥优势，使工业应用具备更加强大的预测和决策能力。

（4）智能性和自适应性。未来，工业大模型将变得更加智能，可以基于不同场景的不同需求自动调整参数、数据处理流程、推理策略等，具备更强的自适应性。

随着工业大模型的发展，其将以更加智能的功能赋能生产制造，提升制造企业的决策效率、生产流程的自动化程度，助力企业降本增效。

11.1.2 四大优势，实现智能化生产

当前，企业工业生产过程中往往存在诸多问题，如因计划不当造成资源浪费、监管不力导致产品出现质量问题等。而工业大模型与生产的结合能够解决以上问题，实现智能化生产。具体而言，工业大模型具有以下四大优势，如图 11-1 所示。

优化生产计划

监控生产过程

控制生产成本

实现智能制造

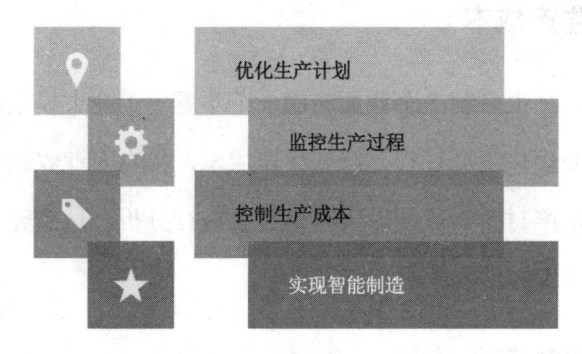

图 11-1 工业大模型的四大优势

1. 优化生产计划

一般而言，制造企业需要根据自身资源情况、市场需求等制订合理的生产计划。但由于经验、数据分析能力的限制，制造企业制订的生产计划往往难以应对生产过程中的变化以及多样化的生产需求。而工业大模型可以基于海量数据和算法模型，对订单量、库存量、时间要求、设备利用情况等数据进行综合分析，制订合理的生产计划，提高生产效率和资源利用率。

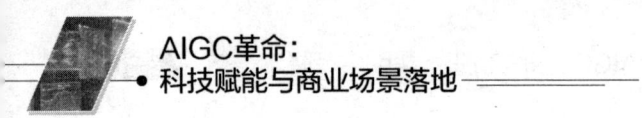

2. 监控生产过程

工业生产过程中会产出大量数据，传统的管理办法难以实现对生产过程的实时管理和对生产数据的实时监测。而工业大模型可以通过传感技术、数据分析等，实现对生产过程的实时监控，帮助企业及时发现并解决问题，提高生产效率和产品质量。例如，工业大模型可以实现对设备运行状况、原材料消耗、生产线产能等因素的监测，及时发现生产中的异常情况，保证生产效率。

3. 控制生产成本

生产成本高是很多制造企业面临的一个难题。工业大模型能够基于成本控制策略，全面优化生产过程，降低生产成本，提高企业收益。例如，工业大模型能够对生产材料、能源、人工等因素进行分析，达到充分利用各种资源、降低生产成本的目的。

4. 实现智能制造

数字化浪潮奔涌而来，制造企业需要紧抓机遇，加快数字化转型步伐。而工业大模型能够帮助企业实现智能制造，推动企业的数字化转型进程。例如，在工业大模型的助力下，工业机器人将变得更加智能，可以在生产、装配、质检等环节发挥作用，提高生产制造的自动化程度。

总之，工业大模型能够以强大的技术能力，破解工业生产中的诸多难题。未来，工业大模型将成为推动工业生产变革的重要力量，加速工业生产的智能化转型。

11.2 AIGC 进入生产多环节

AIGC 能够融入生产过程的多个环节，实现个性化的产品设计、智能化的产品生产，同时能够更新生产设备，从多方面为生产提速。

11.2.1 产品设计：优化设计，提升效率

工业上的产品设计涉及产品功能、产品外观、用户体验等多个方面。AIGC 在产品设计中的应用，能够综合产品设计的各种需求，从多方面优化设计。具体而言，AIGC 对产品设计的赋能主要体现在以下几个方面，如图 11-2 所示。

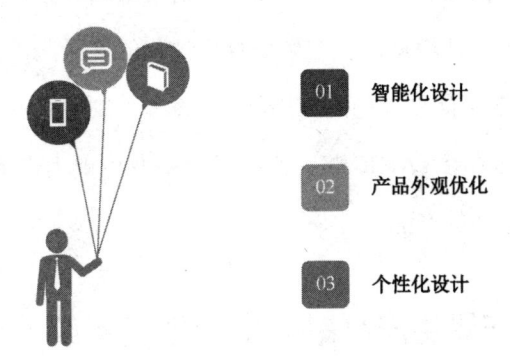

01 智能化设计

02 产品外观优化

03 个性化设计

图 11-2 AIGC 对产品设计的赋能

1. 智能化设计

传统的设计流程包括概念设计、渲染概念图、设计评估等环节，需要大量人工参与，设计周期长，效率难以提升。而 AIGC 能够优化设计流程，大幅

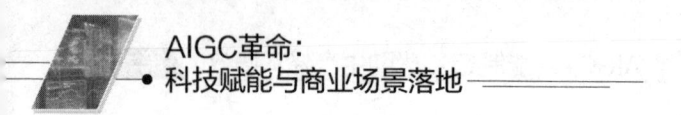

缩短产品设计周期；辅助设计师快速进行概念设计，并对其设计进行自动渲染与评估，实现智能化设计。

2. 产品外观优化

AIGC能够基于设计师提供的设计样本进行学习，生成全新的设计。这意味着，设计师可以借助AIGC优化产品外观设计，通过输入产品外观设计草稿，得到优化后的产品外观设计方案。这能够推动设计创新，帮助设计师设计出独特且具有创意的产品。

3. 个性化设计

个性化定制是智能制造的一大发展趋势。在个性化定制方面，AIGC能够分析各种类型的产品数据和用户需求数据，生成符合用户需求的设计，实现产品设计个性化。例如，家具制造企业可以借助AIGC分析用户的家居风格、空间尺寸、偏好等，并根据分析结果进行个性化的家具产品设计。

总之，AIGC在产品设计中的应用潜力巨大，为制造企业带来了新的机遇。未来，随着技术的进步，AIGC将在产品设计中发挥更大作用，帮助企业设计出更具创意和竞争力的产品。

11.2.2 产品生产：融入多个生产系统

在产品生产方面，AIGC与生产系统的结合能够提升系统的智能性。通过接入AIGC能力，ERP系统、MES系统、SCADA系统、QMS系统等，都能够实现智能化升级，从而显著提升生产效率和产品质量。

1. ERP 系统

ERP 系统是一种企业信息管理系统，可以帮助企业协调各部门的工作，助力企业优化资源配置。在制造企业中，ERP 系统能够在生产计划制订、物料与库存管理、质量管理等方面发挥作用，提升资源利用率。ERP 系统与 AIGC 集成后，AIGC 可以根据 ERP 系统中的数据，对生产过程进行智能化分析，优化生产流程，减少资源浪费。

2. MES 系统

MES（Manufacturing Execution System，制造执行系统）主要应用于生产过程监控和管理。该系统可以监测生产过程中的各项参数，包括设备状态、生产效率、产品质量等。MES 系统与 AIGC 集成后，AIGC 可以根据 MES 系统中的数据，对生产过程进行实时监控与智能分析，提高生产效率和产品质量。

3. SCADA 系统

SCADA（Supervisory Control And Data Acquisition，监控和数据采集）系统是一种进行生产监测和生产过程控制的系统。与重视系统性管理的 MES 系统不同，SCADA 系统连接设备层与制造层，通过采集设备数据和监控生产过程，为 MES 系统提供数据参考。

SCADA 系统聚焦设备，能够收集生产过程中的各种详细数据，如温度、压力等。SCADA 系统与 AIGC 集成后，AIGC 能够提升 SCADA 系统的设备实时通信、数据实时记录、异常情况报警、关键信息处理等能力，提升 SCADA 系统的运作效率。

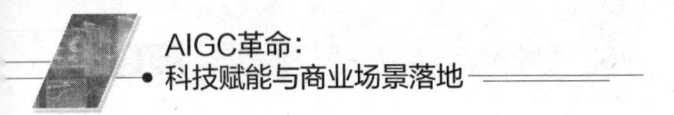

4. QMS 系统

QMS（Quality Management System，质量管理系统）可以对生产环节进行全面的质量管理，如质量控制、质量检测、质量分析等。QMS 系统与 AIGC 集成后，AIGC 能够对生产过程进行智能化分析，生成质量管理报告并提供科学的改进建议。

总之，AIGC 与制造企业常用生产系统的结合，能够帮助制造企业实现更加智能的生产管理和质量控制，推动制造企业实现智能化发展。

11.2.3 更新设备：让工业机器人更加智能

AIGC 在人机交互、计算机视觉等方面具有很大的优势，能够提升工业机器人的智能性，让工业机器人能够理解复杂问题、执行多种指令，高效完成工业作业。

一方面，有了 AIGC 的赋能，工业机器人拥有更加智能的人机交互能力，在接受指令、回答问题时更加自然。例如，用户可以通过口头指令指挥工业机器人，工业机器人能够很好地理解这一指令并执行相关操作。

另一方面，AIGC 能够提高工业机器人的视觉感知能力，帮助其更好地识别和理解周围的环境，并做出科学的运动控制决策。例如，工业机器人可以定位工业零件，并根据指令执行抓取、组装等操作。

AIGC 与工业机器人的结合给工业机器人的发展带来更多可能性。传统的工业机器人往往只能完成单一任务，如焊接、喷涂等，工作效率不是很高。而有了 AIGC 的助力，工业机器人能够完成多样化、复杂的任务。例如，工业机器人能够同时完成焊接、喷涂、零件组装等多种工作，通用性更强，可以帮助制造企业节省更多生产成本。

此外，传统的工业机器人往往"四肢"发达、"头脑"简单，而接入AIGC能力的工业机器人在实现"四肢"发达的同时，还具有智慧的"头脑"。传统的工业机器人被固定在生产线上，通过设定好的程序执行固定的操作，要想做出新的动作，则需要添加新的程序。而基于AIGC，工业机器人变得更加聪明，不仅能够执行固定操作，还能够做一些不固定的事情。例如，面对复杂的工业场景，工业机器人能够生成智能方案，对自己的任务进行排序，以更加智能的方式高效完成工作。

总之，AIGC将重塑工业机器人的应用价值，为生产制造提供更加智能的解决方案。AIGC与工业机器人的融合，将为工业领域带来很多颠覆性的变革。

11.2.4 华为：以大模型助力生产

在AIGC领域，华为基于技术优势，聚焦底层模型，推出了功能强大的盘古大模型。盘古大模型为工业大模型的定制化开发提供了底层基础。

具体来说，盘古大模型的层次化预训练架构为大模型的定制化开发提供了底层架构支持。根据应用场景的不同，大模型预训练架构分为通用层、行业层和场景层。其中，通用层为基于海量互联网数据训练形成的通用大模型，是整个大模型预训练架构的底座。行业层是通过收集行业的多种数据，基于通用层的底座打造的行业预训练模型。通用层和行业层为大模型开发奠定了基础，而场景层只需要根据相关场景数据就能够产出场景化的大模型解决方案。

在煤矿行业，煤矿生产企业往往无法自主进行AI算法模型的开发，也缺

乏 AI 算法模型持续迭代的机制。同时，定制化的算法模型提高了开发门槛，AI 算法模型的大规模复制难以实现。

为了解决这些问题，华为与山东能源集团携手，基于盘古大模型打造了人工智能训练中心。双方凭借盘古大模型，打造了一套 AI 算法模型流水线应用，可应用到不同场景中，降低了大模型开发的门槛，实现了大模型的工业化开发。目前，该应用已经在采煤、主运、安监、洗选、焦化等多个专业领域的 20 余个场景实现应用，实现了井下生产、智慧决策等方面的智能生产模式创新。

同时，为了让配煤更高效，华为推出了智能配煤解决方案。在无须人工干预的情况下，盘古大模型能够根据煤资源数据库、焦炭质量要求、配比规则、工艺输出优化配比，输出高性价比的配合煤，缩短配比耗时，节省成本。

作为引领产业变革的重要驱动力量，大模型将重塑生产方式，优化产业结构，提升生产效率，推动工业领域全场景的智能化升级。未来，盘古大模型将在工业领域的更多场景中落地，为工业领域应用大模型构建坚实的基础，助力更多企业进行数字化转型升级。

11.3 AIGC 变革智能制造多领域

AIGC 在智能制造领域有着广阔的应用前景，在汽车制造、智能家居制造、服装制造等细分领域已经实现了落地应用。随着 AIGC 在这些领域的应用不断深入，AIGC 将引发更深刻的制造变革。

11.3.1 汽车制造：驱动自动驾驶迭代

随着技术的进步，汽车制造变得越来越智能，而自动驾驶作为汽车智能制造的一个重要方向，将在 AIGC 的助力下实现巨大发展。具体而言，AIGC 能够从以下几个方面赋能自动驾驶，如图 11-3 所示。

01 数据挖掘与自动标注

02 推动算法迭代

03 助力端到端自动驾驶算法模型构建

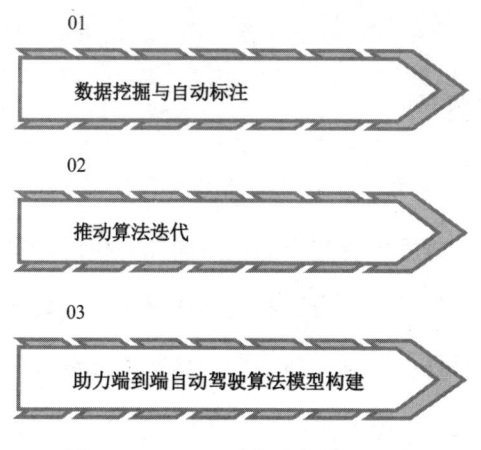

图 11-3 AIGC 对自动驾驶的赋能

1. 数据挖掘与自动标注

数据挖掘与自动标注是打造自动驾驶闭环体系的难点。随着智能汽车的发展，其产生的数据量呈指数级增长。高效利用这些数据、实现理想的训练效果，要求系统具备强大的数据挖掘与处理能力。同时，海量数据标注成本高昂，限制了算法模型的应用。而 AIGC 的应用能够很好地解决以上问题。

在数据挖掘方面，百度通过文字和图像输入编码器训练了一个大模型，以实现向量搜索，再利用算法进行街景物体识别、定位等，经过图像编码器的处理后形成底层知识库。基于此，百度构建了一个基于街景数据的大模型。

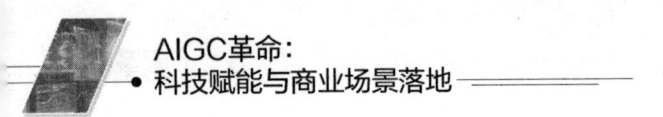

该大模型支持用户通过文本、图像等方式搜索所需内容，快速锁定多个目标对象。同时，该大模型支持对自动驾驶模型进行定制化训练，提升数据利用效率。

在自动标注方面，聚焦自动驾驶的人工智能技术公司——毫末智行科技有限公司（以下简称"毫末智行"）推出了自动驾驶生成式大模型"雪湖·海若"。用户将驾驶场景上传到大模型平台后，大模型平台能够快速将其中的车道线、行人、自行车等多种目标对象标注出来，降低了数据标注成本。

2. 推动算法迭代

AIGC 能够提供基础能力，提升自动驾驶算法模型的性能。在这方面，百度已经进行了尝试。百度融合文心大模型的能力和自动驾驶技术，提升了自动驾驶算法模型的感知能力。百度利用标注好的海量数据训练了一个感知大模型，用于标注未标注的数据，然后利用这些数据再次训练感知大模型。经过反复训练后，大模型的感知能力大幅提升。该大模型与自动驾驶技术结合，提升了自动驾驶算法模型的感知能力，使得自动驾驶算法模型可以识别出此前未能识别出的其他信息。

3. 助力端到端自动驾驶算法模型构建

当前，集感知、预测、规划、控制等功能于一体的自动驾驶算法模型存在信息容易丢失、容易产生误差等问题。而端到端的自动驾驶算法模型能够解决以上问题，即算法模型能够通过传感器输入的感知信息，直接输出控制结果。

在端到端自动驾驶算法模型构建过程中，AIGC 能够提供诸多助力。AIGC

能够实现多模态数据的输入,提升自动驾驶算法模型对场景的感知能力。同时,AIGC 能够助力自动驾驶算法模型实现从感知到控制的一体化集成。在输出端,自动驾驶算法模型能够重建 3D 环境,让环境可视化成为现实,生成更加完善的路径规划,让自动驾驶系统更加安全、可靠。

11.3.2　智能家居:AIGC 产品涌现

智能家居领域的很多企业积极布局大模型和 AIGC 产品,提升产品的智能性与交互能力,打造智能化家居新体验。在 AIGC 的助力下,智能家居从单品智能向全屋智能发展。

2023 年 5 月,定制家具品牌尚品宅配发布了以多模态大模型为底座的 AIGC 技术,将产品、服务与 AIGC 结合,推动 AIGC 在各场景的工业化部署。这为尚品宅配推出的"随心选"全屋定制模式赋能。在具体应用中,AIGC 能够辅助设计师进行个性化的设计,帮助用户定制各类家电、装饰品等,实现更好的搭配效果。

2023 年 6 月,家装集团东易日盛家居装饰集团股份有限公司(简称"东易日盛")召开了"家装新范式——AIGC・智变"发布会,发布了"创意大师""真家 AIGC""小白设计家"3 款 AIGC 家装工具。其中,"创意大师"能够根据关键词生成创意图,还能够生成空间规划、家居搭配等方面的设计方案。"真家 AIGC"依托东易日盛的数字化全案家装系统,助力家装设计方案落地;"小白设计家"面向 C 端用户,用户可以根据自己的喜好、兴趣进行定制化的设计,让家居符合自己的个性化需求。

家装设计平台三维家也加大了在 AIGC 领域的研发投入,推动产品矩阵迭

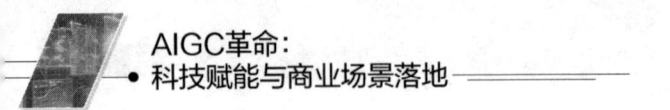

代。其推出了 3D 云设计、云制造等产品矩阵，为家居制造提供智能、覆盖全流程的云工业软件解决方案。同时，三维家与内容生成平台无界 AI 达成合作，共同探索 AIGC 技术在家装设计领域的应用，借助无界 AI 的算法技术，辅助家装设计流程。

当前，索菲亚已经将三维家的 AI 设计软件应用到家居设计生产中，实现了家居智能化设计。例如，家居柜体可以根据户型、空间、风格搭配等灵活设计。在用户输入尺寸及各种要求后，AI 设计软件能够生成合适的柜体方案，大幅提高了设计效率。

随着 AIGC 探索的逐步深入，家居企业实现智能化设计制造将成为趋势。而随着 AIGC 技术的进一步应用，家电、配饰等也能够实现个性化定制，实现柔性智能制造。

11.3.3　服装制造：降低门槛，助力服装设计

在服装制造领域，AIGC 为服装设计带来了革命性的变革，降低服装设计门槛，推动服装定制产业的发展。

一方面，AIGC 能够帮助设计师打破创造力的界限，生成更好的创意。当前，Midjourney、DALL-E 2 等 AI 绘图工具越来越成熟，能够根据用户输入的描述生成图片，或者根据用户输入的设计草图生成复杂的设计图纸，同时支持用户在已有的图像上进行修改。

以 Midjourney 为例，用户输入服装款式、风格、颜色、材质等方面的文本表述，Midjourney 就能够生成相应的图片，将关键词描述可视化。这能够为设计师提供灵感。

另一方面，AIGC 能够降低服装设计门槛，让更多人成为服装设计师。基于多样的 AIGC 应用，用户能够轻松地将自己的服装设计创意表达出来。以一站式服装服务平台 CALA 为例，其接入了 OpenAI 的 DALL-E 2，能够帮助设计师将创意转化为设计草图、原型和产品，同时提供设计、生产、定价等多种服务。

在具体操作上，基于该服装服务平台，设计师可以选择自己喜欢的服装类型，输入修改样式的提示词，之后平台就会生成相应的服装设计图，并输出多种结果供设计师选择。设计师可以选择合适的结果进行 AI 再生成，也可以自行在生成的设计上做修改。这种便捷的设计方式大幅降低了新设计师的进入门槛，同时能够提升服装设计效率。

通过持续的机器学习，AIGC 能够学习更多的时尚设计元素、了解时尚趋势等，生成更符合市场潮流的服装设计方案。这能够为设计师的服装设计提供参考。

11.3.4 理想汽车：将大模型与汽车智能系统结合

当前，很多汽车企业都意识到了 AIGC 在汽车制造领域的巨大作用，通过申请注册 AIGC 相关商标的方式积极布局。例如，新能源汽车制造商理想汽车申请注册 MindGPT 商标，并自主研发了多模态认知大模型 Mind GPT。

Mind GPT 提供了一套新的辅助驾驶系统，能够为用户提供更智能、更安全的驾驶体验。Mind GPT 能够通过深度学习和模仿人类驾驶行为的方式，为用户驾驶汽车提供辅助。基于大量的数据分析和学习，Mind GPT 能够模拟人的思维、决策过程，并根据环境变化动态调整驾驶策略。这不仅能够提高驾

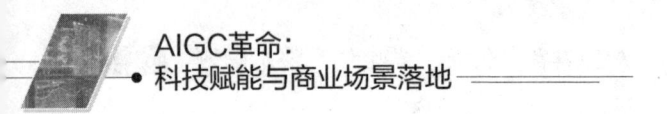

驶的安全性，还能够改善用户的驾驶体验。

理想汽车通过将 Mind GPT 与其他智能系统融合，在自动驾驶领域深入探索。通过接入车载摄像头、导航系统等，Mind GPT 可以实现自动泊车、自动超车，为用户提供更便捷、舒适的出行体验。未来，理想汽车将持续进行相关技术、大模型的研发，优化 Mind GPT 的性能，给用户带来更安全、更舒适的驾驶体验。

理想汽车为汽车制造企业布局大模型提供了范例，但从整体来看，汽车制造企业布局大模型还存在一些阻碍。

一方面，在汽车制造企业研发大模型的过程中，多模态数据的收集、训练有一定的难度。自动驾驶需要的传感器数据来源于不同的系统，如激光雷达、高清摄像头、GPS 等，且数据带有不同的时间戳。此外，大模型研发也需要丰富的场景数据，包括交通标志线、交通流等。这些都提高了大模型研发的门槛。同时，大模型的训练需要在汽车中构建基于大模型的全新算法，这是大模型在自动驾驶领域实现应用的一个难点。

另一方面，车载设备的硬件条件有限，难以满足大模型对硬件配置的要求。大模型需要高规格的硬件配置，如高性能计算能力、大容量内存等，但车载硬件设备难以提供以上支持以支撑大模型的运行。在这种情况下，升级汽车的算力基础设施就成了必然选择，智算中心或许在未来会成为汽车的标配。

在打造智算中心方面，一些企业已经进行了探索。例如，特斯拉发布了云端智算中心 Dojo，基于英伟达的 GPU 训练 AI 模型；小鹏汽车携手阿里云搭建了智算中心"扶摇"，用于自动驾驶模型训练；毫末智行与火山引擎共同打造了智算中心"雪湖·绿洲"，为自动驾驶模型训练提供算力支持。当前，以上探索尚未完全成熟，未来，以上探索成果的落地应用，将为自动驾驶算法模型的搭建提供强大的算力支持。

大模型与汽车的结合，将驱动汽车向智能化方向发展。在这个过程中，拥有底层科技能力的汽车制造企业，才能够在竞争中占据优势地位。

一方面，汽车制造企业需要注重汽车内的人机交互以及汽车服务生态建设。当前，汽车内的车载语音系统主要为任务型对话系统，不具备个性化、情感化的交互能力。而大模型可以通过深度学习和语音生成，在开放场景中打造自然的人机交互体验。同时，大模型与汽车结合后，汽车的消费电子属性将更加明显，在产品迭代时，汽车制造企业应注重汽车服务生态建设，如打造专属App、互动社区等，为用户提供全方位的服务。

另一方面，大模型将会完善汽车行业现有的算法体系。当前，自动驾驶算法对人工的依赖度较高，而接入大模型后，需要基于大模型形成新的智能算法。要构建这样的算法，汽车制造企业就需要搭建平台。例如，汽车制造企业需要搭建集成芯片、云端服务的计算平台，为自动驾驶算法的优化提供算力支持。

总之，汽车制造企业需要转变思路，从瞄准制造本身转变为瞄准先进技术，以大模型助力汽车生产，提升汽车的智能性。在AIGC带来的变革中，汽车制造企业只有抓住机遇、积极变革，才能在竞争中占据优势地位。

第12章

AIGC+城市治理：提升治理质量与效率

城市治理涵盖社会、经济、环境等多个方面，是 AIGC 落地的重要场景。AIGC 与城市治理深度融合，能够更新城市治理系统，不仅有助于提升城市治理的质量与效率，还能推动城市向智慧化的方向发展。

12.1 AIGC 推动城市治理智慧化发展

政务、交通、气象预报、城市安防等都是城市治理的重要领域。AIGC 在这些领域落地能够极大地提升城市服务的智慧性，市民可以获得更加便捷、舒适的生活体验。

12.1.1 智慧政务：便民服务更高效

在政务方面，AIGC 能够基于大模型的技术支持和多样的智慧功能，推动政务实现智慧化发展。例如，基于大模型的数据训练和 AI 算法，AIGC 能够以政务机器人的形式，通过简洁、通俗的表达，向市民提供政策解读、政务事项办理等服务。

致力于 AI 技术研发的拓世科技推出了自主研发的拓世大模型，能够为智慧政务的发展提供强有力的支持。这主要体现在以下几个方面，如图 12-1 所示。

图 12-1 拓世大模型对智慧政务的三大支持

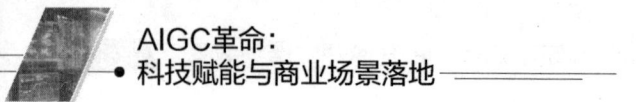

1. 智能决策赋能政务

拓世大模型能够为政务数据的处理、分析提供支持。其能够对海量政务数据进行快速分析，挖掘数据间的关联与趋势，为政务决策提供数据支持。

2. 提供智慧服务

拓世 AI 数字人在智慧政务建设过程中发挥着重要作用，其能够作为助手与用户进行智能化的沟通，高效响应用户的各种需求，为用户提供个性化的政务服务，提升政务咨询的处理效率。同时，基于拓世大模型打造的智能城市管理系统能够实时进行交通监测、环境监测等，对突发事件进行及时预警，保障市民安全。

3. 助力网络安全防护

在网络安全方面，拓世大模型能够智能分析各种网络骗局，并及时预警，针对风险生成相应的劝阻方案、宣传物料等，帮助公安机关高效预防和打击犯罪行为，保障市民财产安全。

除了拓世科技外，浙江百应科技有限公司发布了政务行业垂直大模型"万机"。该模型深入政务领域，在政策详解、政务事项办理、反诈普及等方面发挥重要作用。

首先，万机大模型能够整合不同地区的最新政策，及时、准确地为市民提供相关政策解读服务，解答市民最关心的问题，提高政策的普及度。

其次，该模型能够通过和市民对话，并结合历史信息，精准掌握市民的政务需求，为市民提供合适的解决方案。

最后，该模型提供 24 小时智能政务服务。市民可以随时查询政策、申请服务，让政务服务更加贴心。此外，该模型能够处理日常流程性工作，帮助工作人员提高工作效率。

12.1.2 智慧交通：规避交通问题，优化公共交通

当前，城市交通运作中存在一些问题，如出行高峰时段道路拥堵、交通路线规划不合理等，给市民的出行带来不便。AIGC 在交通领域落地应用，能够推动智慧交通的发展，提升交通的安全性和效率。具体而言，AIGC 能够从以下几个方面出发，优化城市交通，如图 12-2 所示。

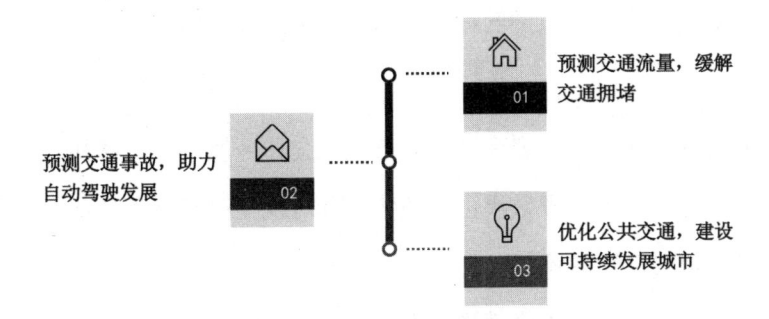

图 12-2　AIGC 优化交通的 3 个方面

1. 预测交通流量，缓解交通拥堵

AIGC 能够通过对过往交通数据的分析，建立集成模型，对未来交通流量进行预测。同时，其能够实时获取交通信号灯信息，帮助驾驶员了解前方路段的红绿灯分布情况，为驾驶员提供可替代路线。此外，其还能够结合预测结果，为交通管理部门提供决策支持，根据拥堵状况调整信号灯时序，优化交通流量，改善拥堵状况。

2023 年 4 月，百度发布了全域信控缓堵解决方案。该方案以多种交通大

模型为底层支撑，通过建立机器视觉系统，实时感知交通数据的变化。该方案能够及时发现并分析拥堵情况，协助交通管理部门优化信号灯配时，为驾驶员提供多种路线方案。该方案不仅能够对常态化拥堵、异常性拥堵提出解决策略，还能够对易造成拥堵的学校、景区等单点单线区进行分析。

该解决方案具有以下四大功能，可有效缓解中大型城市的交通拥堵情况。

（1）全域感知。利用百度地图浮动车、交通管理部门监测以及关键路口的智慧监控等多方面的数据，宏观上把握城市交通态势，微观上实时监测主干道、次干道、支干道等交通线路，精准感知交通变化。通过GNN（Graph Neural Networks，图神经网络）技术，预测各级干道未来车流量，补全车牌轨迹、交通流量等数据，并对道路关联性进行分析，为细分、优化道路交通布局提供技术支撑。

（2）全域优化。通过宏观、中观与微观交通环境的实时感知，细分交通管理区域，并对区域管理效果进行评估，及时反馈给交通管理部门，形成区域化交通管理的良性循环。

（3）全域协同。利用大模型强大的自然语言理解能力进行人机交互，实现各应用、各系统间高效的信息交互，助力精细化城市管理。

（4）全域服务。通过百度在车载端、手机端的用户触达能力，实时发布交通事故、道路施工、红绿灯状态等信息，帮助驾驶员及时了解前方路况，并为其提供绕行路线、终点附近停车场等交通信息，节约驾驶员的时间成本，优化行程体验。

2. 预测交通事故，助力自动驾驶发展

AIGC可以对过往交通事故进行分析，对事故多发路段进行预测，交通管

理部门能够结合预测结果,在可能发生事故的路段增设交通标志,加派巡逻人员。AIGC 还能与智能车载健康监测系统相结合,利用存储在云端的驾驶员生理参数,实时监测驾驶员的健康状况,避免驾驶员因过度疲劳而引发事故。

在自动驾驶领域,AIGC 可以通过对数据集的训练,学习道路交通规则和交通行为模式,借助已有的车载环境感知硬件,如行车记录仪、毫米波激光雷达等,准确感知周围的车辆、行人及其他障碍物,对道路环境建立全面认知。

在紧急情况下,AIGC 可以迅速判断并采取适当的制动措施,避免事故发生。通过不断的学习和迭代,AIGC 将能够对自动驾驶系统进行实时更新,适应日益复杂的道路环境,提高驾驶的安全性和效率。

3. 优化公共交通,建设可持续发展城市

在公共交通领域,AIGC 可以汇集各级干道的交通流量数据,整合公交、地铁换乘线路及各站点客流量等信息,为市民提供最优乘车路线;实时监测城市交通状态,缩短应急情况处理时间,妥善解决交通问题。

通过收集路面情况、天气变化等方面的数据,AIGC 可以帮助驾驶员优化行驶路线,进一步提高出行效率。此外,AIGC 可以结合高精度传感器监测路面磨损,自动向有关机构发出警报,防患于未然,提高道路安全性。

基于 AI 算法,并结合空气质量指标,AIGC 能够鉴别空气中的污染物质。同时,AIGC 能够通过对城市交通系统的全面分析,拟定可增加的公共交通线路,在有效缓解交通拥堵的同时,减少污染物排放,助力节能减排,建设可持续发展城市。

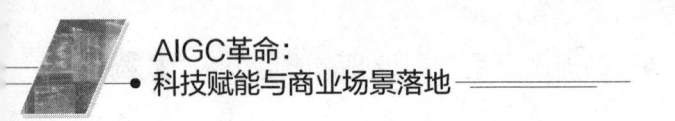

12.1.3　气象预报：精准预测天气变化

为了应对气候变化、保护人们的生命财产安全，气象预报技术需要不断迭代，以提高预报精确度。在这方面，AIGC 的融入能够进一步提升气象预报的精确度，为城市治理赋能。当前，一些企业和机构已经在这方面进行了探索。

1. 谷歌发布深度学习模型 MetNet-2

2021 年，谷歌发布了深度学习模型 MetNet-2，与其前身 MetNet 一样，MetNet-2 也是一种深度神经网络。深度学习模型为气象预测提供了一种全新的思路：根据观测到的数据进行气象预测。相较于以大气的物理模型为基础进行的预测，基于深度学习模型的气象预测在一定程度上打破了高计算要求的限制，在提升预测速度的同时可以扩大预测的范围，提高预测的准确度。

相较于 MetNet，MetNet-2 的性能有了显著提升。谷歌将该模型的预测边界由 8 小时扩大至 12 小时，同时保持空间分辨率精确到 1 千米、时间分辨率精确到 2 分钟。

在预测过程中，MetNet-2 直接与系统的输入端和输出端相连，进行深度学习，从而大幅减少预测所需的步骤，提高预测结果准确性。该模型将雷达和卫星图像作为输入信息来源，并将物理模型中的预处理起始状态作为额外天气信息，以捕获更全面的大气快照。

2. 清华大学和中国气象局联合研发临近预报大模型 NowcastNet

极端降水临近预报大模型 NowcastNet 使用了时间跨度长达 6 年的雷达观测数据进行训练。针对全国范围内的极端降水天气，该模型能够提供更加精准的预报服务。

在大型雷达数据集的测试中，NowcastNet 能够更加清晰、准确地预测强降水的强度、下落区域和运动形态等气象信息，并对强降水超级单体的变化过程进行精准预测，在极端降水临近预报方面展现出巨大的应用价值。

NowcastNet 将深度学习技术与传统物理学理论相结合，能够提供长达 3 小时的强降水临近预报，弥补了国际上对极端降水预报研究的不足，为城市精准防控极端天气提供了技术指导。

3. 华为发布盘古气象大模型

2023 年 7 月，华为盘古气象大模型研究成果登上国际顶级学术期刊《自然》杂志正刊。通过建立三维神经网络结构并结合层次化的时间聚合算法，该模型能够更加精准地提取气象预报的关键要素，如风速、温度、空气湿度、大气压、重力势能等。在台风路径预测方面，该模型能够将台风位置的误差降低 20%。在气象预报常用的时间范围上，该模型能够提供未来 1 小时至 7 天的气象预测。

盘古气象大模型能够与多个场景结合，为城市管理、企业发展提供技术支持。在气象能源领域，该模型可以为相关企业提供及时、精准的气象数据，协助企业更好地管理能源生产和消耗。在航空航天领域，该模型提供实时气象数据，有助于机场更好地管理飞机，提升航空飞行效率。在农业生产领域，该模型为相关企业提供精准的气象预测服务，为农产品的质量保驾护航。在

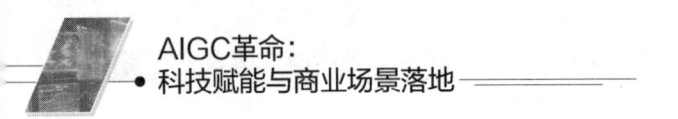

智能家居领域，该模型与家用设备相结合，实时监测室内的温度、湿度，优化市民居家体验。

12.1.4　城市安防：满足安防场景多种需求

在 AIGC 未出现之前，AI 技术已经在城市安防领域实现了应用，如进行交通监控视频分析、目标跟踪等。而 AIGC 能够为城市安防领域提供更强大、更智能的支持，更好地应对复杂的城市安防场景。

安防领域的智能应用比较安全、可靠，但也存在灵活性不足的缺陷，难以适应安防场景不断更新的需求。而 AIGC 的底层大模型拥有更强大的通用能力和开发能力，大幅降低了智能安防应用的定制化开发成本。企业可以基于大模型上传安防数据，训练聚焦安防场景的安防大模型，打造更加先进的智能安防系统。

基于 AIGC 的能力支持，智能安防系统能够适配校园、医院、住宅等多种安防场景。例如，在校园安防场景中，智能安防系统能够与电子门锁相关联，设置教室、宿舍、办公室等区域的门锁权限；与高精度摄像头的人脸识别功能相结合，完善刷脸进校系统和 24 小时机器人巡逻系统，保证教师、学生以及其他工作人员的人身、财产安全。

AIGC 能够为安防领域提供更准确、更智能的解决方案。基于 AIGC 的智能安防系统不仅能够对历史数据进行学习，实现对未知事件的快速响应，还能够通过数据分析，对可能发生的事件进行预测，为安防决策提供智能化支持。同时，基于多模态技术，智能安防系统能够将文本、图像、视频等数据融合，实现全面、准确的安防预警。智能安防系统还能够通过对图像、声音的分析，实现目标行为识别与异常检测。

基于高分辨率的成像设备，AIGC 能够帮助智能安防系统提取更加详细、微小的实物特征，例如，对人物外貌特征、面部表情的识别和分析，对车辆颜色、型号的精准判断等，有助于节约人力资源，提高安防工作的效率。

在 AIGC 与安防融合应用方面，不少企业已经做出了尝试，并有了一些成果。2023 年 6 月，第十六届中国国际社会公共安全产品博览会在北京召开。此次博览会以"自主创新、数智融合、赋能安防、服务社会"为主题，展示了 AIGC、人体生物特征识别、物联网等技术在公共安全领域的应用。

在会上，人工智能方案提供商杭州联汇科技股份有限公司（简称"联汇科技"）面向安防行业智慧化升级的需求，展示了视觉大模型能力服务、基于大模型的智能助手、城市基础数据分析平台等多种产品，面向安防产品制造商、解决方案提供商等行业客户，提供智能化技术及产品，助力安防行业数智化发展。同时，联汇科技对旗下视觉语言预训练大模型的能力、相关产品与服务、应用场景等进行了讲解，得到了许多观众的好评。

此次博览会上，联汇科技的视觉操作平台 OmVision OS 斩获"重大行业创新贡献奖"，证明了自己的实力。未来，联汇科技将凭借大模型的支持，推动旗下各种安防产品的落地，为客户提供优质的体验与服务，助力安防智能化发展。

随着 AIGC 的发展，其与安防行业的融合将不断加深，智能安防领域的竞争将更加激烈，推动安防行业智能化发展。随着大模型在安防领域的普及，智能安防解决方案将在更多安防场景落地。

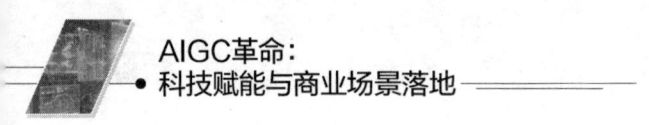

12.2 企业探索，推出多元化城市治理产品

在 AIGC 赋能城市治理方面，一些企业积极探索，推出了先进的解决方案，如推出针对城市治理的大模型、以 AIGC 能力助力城市安防等。这为企业布局 AIGC 指引了新的方向。

12.2.1 城市治理大模型为城市注入新动能

当前，智慧城市的建设如火如荼，而 AIGC 与智慧城市的结合将为城市治理提供全新的解决方案，实现城市"智理"。在这方面，城市治理大模型为 AIGC 赋能城市治理提供了落地方案。

2023 年 4 月，城市数据智能服务提供商软通智慧科技有限公司发布了城市治理多模态模型产品"孔明"大模型，实现了 AIGC 在城市治理领域的垂直化应用。该模型具备强大的泛化能力，能够快速整合各行业的知识，为适应多种治理场景奠定基础。同时，该模型具备强大的推理能力。通过分析有关数据，其能够自动生成治理事件，并将事件分类，从而协助城市治理部门制定相关方案，提高城市治理效率。

该模型还具备良好的工程化能力，能够准确理解用户的部署需求，降低用户操作难度，同时为隐私数据设置权限，为用户信息安全保驾护航。该模型搭载多个业务插件，如"城市慧眼""一语通办"等。其内部搭载庞大的行业知识库，为用户提供便捷、准确的业务信息查询、办理等服务，助力城市治理降本增效。

在环境治理领域，孔明大模型聚焦城市垃圾分类、河流污染治理等难题。在垃圾分类方面，孔明大模型依托深度学习能力，能够对各个城市的垃圾分类标准进行深度学习，协助城市治理部门做好垃圾分类科普宣传。一方面，该模型以通俗易懂的语言解释不可回收垃圾、可回收垃圾、厨余垃圾、有害垃圾的内涵，助力市民准确地进行垃圾分类；另一方面，该模型可以与电脑端、手机端软件相结合，加大垃圾分类相关信息的推送力度，在潜移默化中让市民树立垃圾分类意识。

孔明大模型能够推动垃圾自动分类器的进一步发展。基于大规模的数据训练，该模型能够更加精准地识别不同类别的垃圾，实现垃圾检测、垃圾批量分类；能够与地埋式垃圾箱结合，通过桶内传感器实时检测垃圾量，及时压缩、清理垃圾。此外，该模型还能够与桶外传感器相连接，对垃圾桶周边的温度、湿度进行监测，做好危险预警，避免高温环境下垃圾自燃，提高垃圾分类工作的安全性和效率。

在河流污染治理方面，孔明大模型能够结合各类传感设备，对河流流量、pH、重金属、塑料等数据进行监测，及时将数据整合上传至云端。通过对数据的深度挖掘和学习，并结合河流历史数据与周边环境数据，该模型能够准确判断造成河流污染的具体原因，并对其未来水质的变化趋势进行预测。基于相关数据分析结果，大模型能够提出有针对性的治理方案。通过远程控制，其能够协助城市治理部门进行水体过滤系统安装、药剂投放等操作，有效治理河流污染，促进城市内部水循环。

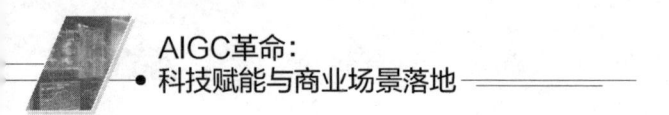

在消防安全领域，孔明大模型能够针对不同用途的低、高层建筑，划分不同区域，结合各区域历史火灾情况、区域内生态环境以及近期气象状况等多方面信息，对建筑物火灾风险进行评估。针对城市出现频率较高的电气火灾，该模型能够通过对室内温度、电压、电流、漏电保护器使用情况等多种电力指标进行监测，进行电气火灾相关性分析，及时发现火灾隐患，防患于未然。

在大模型的助力下，城市治理迎来全新的变化。孔明大模型不断创新，能够带动城市基础设施建设数智化发展，促进就业，为城市培养更多高水平人才。未来，孔明大模型将整合城市治理数据，在智慧停车、社区服务、安保巡查等方面发挥积极作用。通过不断创新，孔明大模型将会深入渗透到各行各业，以强大的能力满足用户需求，让城市公共服务更有温度、更有水平，促进城市治理降本增效，为城市发展注入新的动力。

12.2.2　360 公司：探索城市安防新服务

2023 年 5 月，360 公司发布了"360 智脑·视觉"大模型。该模型能够"看懂"图片、视频，"听懂"声音，从多方面助力城市安防。具体而言，该模型具有以下能力，如图 12-3 所示。

1. 开放目标检测

在部分实体店场景中，出现了人为遮挡、偏移摄像头的干扰现象。而 360 智脑·视觉大模型具备开放目标检测功能，能够解决以上问题。基于用户输入的开放性的描述语言，如"墙上的白色中文 logo"，该模型就可以精准理解文字含义，进而通过摄像头做出相应识别。

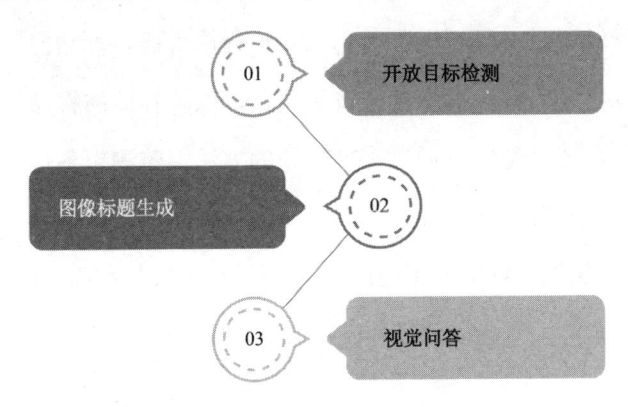

- 01 开放目标检测
- 02 图像标题生成
- 03 视觉问答

图 12-3　360 智脑·视觉大模型的能力

此外，在车辆检测中，开放目标检测可以基于大模型的自然语言理解能力，迅速、精准统计车辆数量，也可以根据客户需求，统计特定车型数量，如蓝色两厢式轿车、红色卡车等。

2. 图像标题生成

该能力旨在让大模型以人类的思考模式理解图片内容。360 智脑·视觉大模型可以快速标注、提取出图片中的主要信息，如一个中年男子躺在白色地板上、黑色的鸟在雨中飞翔等，避免因相似的图片和文本，导致用户在检索时无法高效地获取信息。

3. 视觉问答

在实体店巡检场景中，360 智脑·视觉大模型能够使视觉问答的交互更加自然。巡检人员通过语言描述把想要检查的项目表述出来，大模型就可以分析图片，进而输出巡检项目打分表。

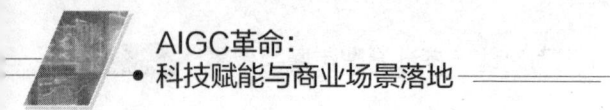

360智脑·视觉大模型还可以应用于其他安防场景。例如，在物品存放方面，该模型能够通过对区域进行分割，运用开放目标检测功能，对各区域的分割形状进行实时监测，确保其未发生变化，保障存放的物品完好无损；在设备巡检方面，该模型能够通过深度估计的方法，监测设备位置，分析设备是否发生偏移。

当前，360智脑·视觉大模型的能力主要集中在软件层，未来，接入各种智能设备后，其能力将会借助各种设备实现落地应用。

12.3 城市探索，向着智慧城市迈进

除了企业积极探索AIGC和城市治理的结合外，哈尔滨、无锡、深圳等城市也积极引入AIGC解决方案，借助AIGC推进智慧城市建设。有了AIGC的支持，城市服务与城市治理更加智能。

12.3.1 哈尔滨：融媒体中心接入AIGC能力

2023年2月，哈尔滨市融媒体中心官方客户端"冰城+"宣布成为百度文心一言的首批生态合作伙伴。此后，"冰城+"客户端获得AIGC赋能，为用户提供更加智能、完善的媒体服务。

"冰城+"客户端于2021年上线，是哈尔滨市新闻资讯的新媒体传播平台，致力于为用户推送权威、及时的新闻资讯和政务信息。其与央视新闻、哈尔滨日报、哈尔滨广播电视台等多家新闻媒体合作，实时更新教育、文化、财

经、体育等领域的新闻。其下设"冰城 60s"专栏，以 60 秒视频的形式，提供气象预报、汽车限号变更、防范电信诈骗等用户关注的生活信息。

在新闻传播方面，"冰城+"客户端与文心一言相结合，能够为用户提供更加个性化的新闻。通过收集用户在该客户端上的浏览数据，包括主要浏览时段、浏览新闻种类、界面停留时长等，文心一言能够分析出用户的阅读习惯和阅读偏好。在接入文心一言后，"冰城+"客户端能够为用户设计个性化的新闻推荐界面，确保用户及时接收到其感兴趣的时事热点。

文心一言具备自然语言处理能力，通过深度学习当下的热门网络词汇，其能够分析和处理新闻，将专业性很强的新闻转变为更加通俗、生动的表述，从而提高新闻传播效果，优化用户的阅读体验。

在网络问政方面，文心一言为"冰城+"客户端打造智能化问政平台提供底层技术支持，推动网络问政智能化、高效化发展。在自然语言处理技术的支持下，用户不再依赖传统的同城网站，可以直接在平台上提问。文心一言能够针对用户的问题描述，结合其阅读兴趣，为其提供更为全面的答案。

同时，文心一言能够实时监测用户在平台上的留言。通过采集原始留言数据，清洗重复性文字和无意义的网络符号，补充缺失的语句，文心一言能够将用户留言进行准确分类，按照问政数量从大到小的顺序，排列各类问题，发现用户最为关注的热点问题，及时反馈至有关部门。

对于有关部门来说，文心一言能够对用户的历史问政信息进行分析，协助其为用户提供更加合理的解决方案。同时，其能够实时追踪政务服务的全部流程，确保用户的问题及时得到解决，并根据用户的反馈意见，对解决效果进行评估。

在城市生活服务方面，文心一言能够对用户的个人信息、家庭信息进行

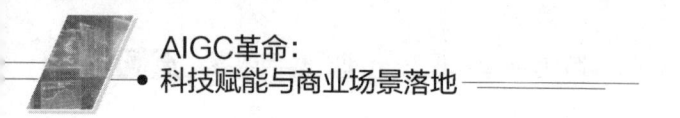

系统化整理。在确保用户信息安全的基础上，"冰城+"客户端还打造了一站式缴费平台，便于用户随时、快捷缴纳水费、电费、燃气费等费用。

此外，文心一言能够结合最新的气象预报技术和交通管理数据，为用户提供未来几天的气象状况、私家车限号变化、实时路况等多种信息，方便用户规划出行路线。不仅如此，文心一言还可以通过收集微信公众号、小红书等多种来源的信息，为用户提供美食、旅游、健身等方面的信息，提高用户生活幸福感，带动整座城市的经济发展。

"冰城+"客户端与文心一言的结合，是哈尔滨市智慧城市建设迈出的一大步。基于自身强大的学习和分析能力，文心一言能够将哈尔滨市各部门、各领域的专业知识进行整合，构建统一的预训练模型，提升各个行业客户端开发的效率。

作为率先接入文心一言的官方客户端，"冰城+"客户端致力于让先进技术下沉到更多应用场景，构建更加智能、全面的城市服务平台。未来，文心一言与哈尔滨的合作将不断加深，推动哈尔滨数字经济发展，让 AIGC 技术为产业发展、公益服务等贡献力量。

12.3.2　无锡：借 AIGC 提升公共服务水平

2023 年 4 月，无锡市城市服务客户端"灵锡"接入阿里巴巴通义千问大模型。借助通义千问强大的 AIGC 能力，灵锡客户端对内部系统进行优化升级，提升公共服务水平。

灵锡客户端是无锡市数字化公共服务官方客户端。该客户端覆盖教育、医疗、交通、文化、就业、社会保障等多个领域，为用户提供丰富、便捷的城市公共服务。该客户端设有便民地图板块,为用户提供所在区域周边的医疗机构、教育培训机构等相关信息。

针对儿童群体、老年人群体、残疾人群体,灵锡客户端能够提供相应的母婴服务、药店位置、康复机构等相关信息。作为一个能够提供近千项公共服务的大型客户端,灵锡借助通义千问强大的自然语言理解能力和智能问答能力,提升自身的服务效率和服务水平。

灵锡客户端注重教育模块的开发和建设。通过与通义千问相结合,灵锡客户端能够整合各年级、各学科的教育资料,为用户提供有针对性的教育服务。基于通义千问强大的中文语义理解能力和迁移学习能力,灵锡客户端打造了庞大的教育资源数据库,提供从幼儿园到高三年级各阶段、各学科的电子版教师用书。同时,该客户端能够根据最新的教育政策,及时更新数据库内容。

灵锡客户端还与无锡市电子地图相结合,将无锡市各类教育培训机构按所在区域、是否面向义务教育进行划分,帮助用户更快地查询有关内容。

在交通出行方面,灵锡客户端基于通义千问整合、分析无锡市交通数据,能够为购买电动汽车、油电混合汽车的用户提供加油站、汽车充电桩等信息。该客户端与无锡市交通设施相连接,能够及时为用户提供交通设施故障信息;与无锡市公安政务服务平台相连接,方便用户随时查询交通违章记录并及时缴纳罚款。

在文化旅游方面,通义千问整合无锡市各大博物馆以及知名历史建筑信息,加速灵锡客户端开通博物馆预约、景点查询等服务,助力无锡市旅游产业发展。此外,通义千问汇集大量图书信息,助力灵锡客户端打造数字图书馆,用户能够在灵锡客户端一键借书,促进无锡市文化产业发展。

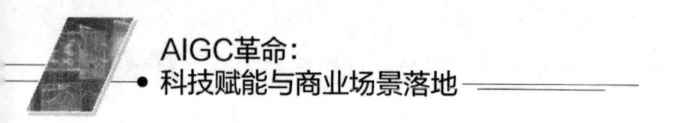

作为无锡市综合性城市服务平台，灵锡客户端与通义千问结合，旨在优化用户使用体验，提升用户幸福感，助力无锡市城市治理实现数字化升级。

未来，灵锡客户端将借助通义千问不断优化内部系统，提供面向更多场景、用户的公共服务，搭建城市数字生活全领域、一站式服务平台，为无锡市智慧城市建设添砖加瓦。

12.3.3 深圳福田：携手华为创新城市治理模式

在 AIGC 赋能城市治理方面，深圳市提出了打造"模都"的设想，推进大模型在智慧城市、智慧交通等方面的应用。

当前，深圳市福田区加快落地"城市智能体"前沿理念和开放架构，致力于构建创新的城市数字底座。同时，深圳市福田区将城市治理与多模态大模型融合，让城市能感知、会思考、有温度、可进化。

深圳市福田区在智慧城市建设方面进行的种种探索离不开华为盘古大模型的能力支持。在政务服务方面，华为为深圳市福田区进行政务服务打造了政务助手"小福"，其基于对海量政务数据的学习，掌握了政务热线、政策法规、办事流程等多方面的政务知识。同时，基于学习与推理能力，其能够解决政务热线在问题理解、意图识别、政策关联等方面的问题，提供专业、有温度的政务服务。

在城市治理方面，视频大模型的检测分析能力能够应用于市政智能巡查场景中，识别治理事件，实现城市治理的快速反应与触达。

在政务办公方面，深圳市福田区携手华为基于大模型打造了办公助手。办公助手具有对公文数据的深入学习能力、内容生成能力等，可完成标注、语义检索等任务，还能够进行公文撰写、校对、签批、督办等，实现政务办公的全流程智能化，提升办公效率。

未来，深圳市福田区将持续推进大模型应用，不断创新城市治理手段、治理模式和治理理念，提升城市治理智能化、数字化水平，让城市运转更顺畅、更智慧，增强市民的幸福感和安全感。

反侵权盗版声明

电子工业出版社依法对本作品享有专有出版权。任何未经权利人书面许可，复制、销售或通过信息网络传播本作品的行为；歪曲、篡改、剽窃本作品的行为，均违反《中华人民共和国著作权法》，其行为人应承担相应的民事责任和行政责任，构成犯罪的，将被依法追究刑事责任。

为了维护市场秩序，保护权利人的合法权益，我社将依法查处和打击侵权盗版的单位和个人。欢迎社会各界人士积极举报侵权盗版行为，本社将奖励举报有功人员，并保证举报人的信息不被泄露。

举报电话：（010）88254396；（010）88258888
传　　真：（010）88254397
E-mail：dbqq@phei.com.cn
通信地址：北京市万寿路173信箱
　　　　　电子工业出版社总编办公室
邮　　编：100036